Présentation

前 言

製作甜點就好比進行一場科學實驗。

即便是平日習以為常的材料，
其組合搭配的背後也一定有正當的理由。

正因為食材中蘊藏著大自然的法則，
作法才會產生一定的規則，進而成為了食譜。

不只是製作，讓我們也一起來窺探甜點背後的祕密吧！

然後，在和心愛的對象、家人、朋友一同享用時
發揮獨特的創造力！

瞭解科學原理之後，接著就是藝術的展現。

這不是誇大其詞，我真的相信製作貼近日常的甜點，
有助於理解自然科學、培養想像力，甚至豐富你我的心靈。

因此，和他人一同品嚐美味甜點
是一件非常美好的事情。

但願本書能夠對各位有所幫助。

太田佐知香

目　次

利用溫度和重量的差異

變化豐富的色彩和造型

寫給各位親愛的小廚師

在開始製作甜點之前，請各位媽媽先朗讀這篇文章給您的孩子聽，
讓孩子瞭解一起製作時應該遵守的注意事項。

Faites attention à la sécurité

注意安全

製作甜點時會用到刀子、手持電動攪拌器、烤箱等。請不要心急，以免受傷或燙傷。

Propre, bien rangé

清潔、收拾整頓

請確認所需道具是否準備齊全了，還有不需要的物品有沒有收拾整齊。在廚房，盡可能保持衣服整潔也是一大重點。和進行科學實驗一樣，一旦工具或手弄髒，不小心混入了少量不該有的東西，就有可能導致無法打發、膨脹不起來的情形發生。洗手、將工具清洗乾淨並晾乾，不僅可以減少壞菌，對於做出美味甜點也非常重要。

工具

・缽盆
準備幾個大小不一的缽盆。為了調節溫度，建議選擇熱傳導率高的不鏽鋼材質。

・方形淺盤
方便用來過篩粉類。另外也可以用來製作果凍、聚合材料。

・篩網
粉類是需要確實加熱的食材。一旦有結塊就會烤不熟，因此請務必確實過篩。

・秤、量匙、量杯、溫度計
準確測量材料所需的工具。請事先掌握正確的使用方法。

・小鍋子
製作甜點時經常會用到的小鍋子，比做料理時用的鍋子還小的款式較為方便。

・打蛋器、矽膠刮刀
用來攪拌甜點的材料。依攪拌時的力道選擇使用。

Faites attention à la sécurité

材 料

首先，製作甜點的材料務必要新鮮。至於為什麼新鮮食材比較好的原因，是因為做出來的成品無論色澤、形狀、狀態都較佳，吃起來也更加美味。只要調查一下水果，就可以知道那樣水果的盛產季節，以及哪裡有用心栽種的產地和農家。另外，也可以得知來自許多不同國家的麵粉和巧克力種類。

讓奶油（牛油）回復至室溫？

奶油在冰冷狀態下，無法和蛋等液體混合在一起，因此請於室溫靜置軟化再使用。用手指按壓以保鮮膜包覆的奶油時，可以輕易留下指痕的柔軟度最為理想。本書是使用無鹽奶油來製作甜點。

準 確 測 量

測量方式

1小匙為5ml，1大匙為15ml。ml=g。

量出「1平匙」的方法：首先舀起滿滿一匙，然後用湯匙背面將隆起的部分刮掉。「1小撮」則是指以食指、中指、大拇指輕輕捏起的分量。

用量匙測量砂糖時要量出1平匙。　　　　1小撮的重量約為1g。

關於刻度的觀察方式

1杯為200ml。放入液體觀察刻度時，如果從上面看，邊緣部分會稍微隆起，有時會看起來比實際上來得多。因此請將杯子置於平面，從側面確認平坦的表面是否有到達想要量測的刻度位置。

形形色色的測量方式

除了有g、ml、cc等各式各樣的單位，每個國家的測量單位也不盡相同。比方說，美國的1杯是240ml。還有的食譜會出現1餐匙、1茶匙的單位。測量單位的表現方式，也會隨國家的文化、歷史、生活型態而有所差異。

觀 察 狀 態 變 化

製作甜點很重要的一點是觀察力。而良好的觀察力，是讓甜點更加美味的一大要素。以下介紹鮮奶油的打發狀態變化。

在缽盆中放入冰涼的鮮奶油和砂糖，以手持電動攪拌器攪拌。
這個時候，要在缽盆底部墊上大包的保冷劑，一邊冷卻一邊打發。

↓

慢慢從液體變成固體了！
攪拌的動作會破壞鮮奶油中所含的脂肪成分，讓空氣進入的同時彼此融合，逐漸凝固。

↓

6分發
整體帶有濃稠度，用打蛋器舀起時會滑順地滴落，並且滴落的痕跡呈現緞帶狀就是「6分發」。大多會混入其他材料中使用，是鮮奶油最常出現的狀態。本書使用到的甜點為冰淇淋（雪糕，P64）、馬斯卡彭起司（芝士）鮮奶油（P39）。

↓

7分發
用打蛋器舀起時會稍微停留才落下，且打蛋器上殘留尖角的狀態是「7分發」。適合作為抹在蛋糕上的鮮奶油，本書使用到的甜點為花朵蛋糕（P90）、切片水果蛋糕（P94）的抹面。

↓

8分發
用打蛋器舀起時，柔軟尖角向上挺立的狀態是「8分發」。大多會填入擠花袋中作為裝飾。本書使用到的甜點為馬克杯蛋糕（P53）。再繼續過度攪拌會破壞脂肪成分，使得鮮奶油變得粗糙鬆散，要特別留意。

為什麼要一邊冷卻一邊打發鮮奶油呢？

鮮奶油的乳脂肪成分有著遇熱軟化、遇冷硬化的特性。因此打發時保持低溫，可以讓鮮奶油順利地凝固，打出紋理細緻、口感綿密的鮮奶油。鮮奶油要一直冷藏到使用前。

打發時以大包的保冷劑取代冰水，就不必擔心水會跑進去了。

Suivez l'ordre et la quantité d'ingrédients

遵守加入材料的順序和分量

食譜上會註明加入的順序。各位可能會心想「反正都要加進同個缽盆裡，一次全部放進去也一樣？」但是混合兩個以上的材料時，有時會因為產生狀態變化和化學反應，而出現截然不同的結果。例如打發蛋白時，如果一開始就把砂糖全部加入，起泡效果就會不佳。另外，先打發蛋再加入麵粉，和同時加入蛋和麵粉，也會因為麵粉的黏性（筋性）發揮作用，使得狀態和味道改變。因此，請務必遵守加入的順序和分量。

Servir

隨心所欲擺盤！

就如同「先欣賞再品嚐」這句話，展現季節感以及食材的美感十分重要。不妨試著像藝術家一樣，創造出自己喜愛的氛圍和擺盤巧思吧！

砂糖非常奇妙，

會隨著溫度產生七種變化。

比方說，鹽和水經過加熱後只會變回鹽，

但是砂糖和水加熱之後，

卻會在100℃變成糖漿液，

在110℃又白色結晶化變成翻糖，在140℃變成麥芽糖狀，

超過170℃則會變成褐色的焦糖。

Le sucre est mystérieux!

不可思議的砂糖！

焦糖化之後，即使冷卻也無法恢復原樣。

能夠像這樣在外觀、色澤和味道上

產生變化的食材，就只有砂糖了。

除了帶有親水性，可以讓食物不易腐敗、

穩定氣泡外，少量的砂糖還能夠促進發酵。

甜點便是利用砂糖這些

不可思議的力量製作而成。

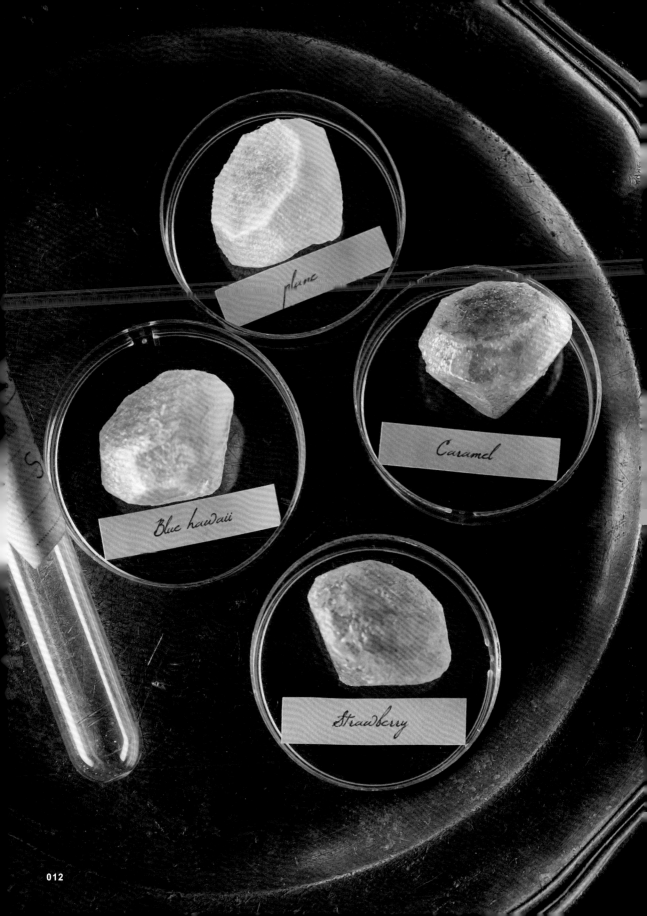

plane

Caramel

Blue hawaii

Strawberry

宛如寶石般閃閃發亮的砂糖甜點，琥珀糖。
你有看見砂糖的結晶化嗎？

寶石甜點

材料（20格製冰盒）

水 ····················· 200ml
砂糖 ················· 300g
寒天粉 ············· 4g
刨冰糖漿（草莓口味、焦糖糖漿、藍色夏威夷）
　　　 ············· 各1小匙

作法

1　先用水沾濕製冰盒。（方便取出琥珀糖）

2　在鍋中放入水、砂糖、寒天粉，以中火加熱。

3　煮沸後轉小火加熱2～3分鐘，待呈現可以拉絲的濃稠度就離火。

4　將3倒入製冰盒，隨個人喜好用湯匙滴一滴糖漿調色，然後輕輕攪拌。放進冰箱冷藏30分鐘。

5　從製冰盒中取出，排放在烘焙紙上，不蓋上保鮮膜，放在通風良好處乾燥3～4天。

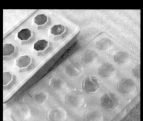

Point

🔬 觀察結晶化

試著觀察砂糖每一天逐漸結晶化的樣子吧！乾燥後，表面會變硬變脆，裡面則依然保有柔軟有彈性的口感。可以一次品嚐到兩種口感喔。

剛做好

幾天後

一星期後

✚ 享用寶石感強烈的晶瑩狀態

琥珀糖是一種被稱為生菓子的日式甜點。在外側尚未乾燥時也可以吃，剛做好時的樣子最像是晶瑩剔透的寶石。照片中是剛從寶石型製冰盒中取出的狀態。

02

彷彿時間靜止般不可思議的形狀。
到底是如何製作的？

時間靜止了 焦糖皇冠

材料（杯子蛋糕模 小10個份）

細砂糖 ……………………… 100g
水 ………………………………… 20ml
鹽 ………………………………… 1小撮
奶油乳酪（忌廉芝士）…… 100g
喜歡的水果 ………………… 適量

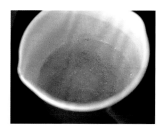

作法

1 先將杯子蛋糕模倒扣放置。

2 在小鍋中放入細砂糖、水、鹽，開小火熬煮到變成焦糖色。此時的重點是不去攪拌。

3 用湯匙將2繞圈淋在1的模具上。

4 大致冷卻後，輕輕地將焦糖從模具上取下。

5 在4的焦糖皇冠上，擺放打發的奶油乳酪和喜歡的水果。

Point

可以做成任何形狀

用砂糖和水製作的糖液會瞬間凝固。只要巧妙利用這個性質，就能做出各式各樣的糖飾。像是用湯匙舀起焦糖，左右移動淋在湯匙的背面；或者是將焦糖鋪在方形淺盤中，再用擀麵棍敲碎，這樣就是美麗的裝飾了

03

日本慶典上常見的蘋果糖。
學會作法，試著自己做做看吧！

蘋果糖

材料（姬蘋果10顆份）

姬蘋果 ····················· 10顆
細砂糖 ····················· 200g
水 ························· 80ml
食用色素（紅）······ 極少量

作法

1. 姬蘋果清洗乾淨後，刺入小樹枝※或竹籤。
   ※使用天然的小樹枝時，要選擇不帶毒性的樹木。例如夾竹桃、
   繡球花的樹枝就有很強的毒性，請避免使用。

2. 在小鍋中放入細砂糖、水、色素，開火加熱。這時切記不
   要攪拌。一旦攪拌砂糖就會結晶化，變成細碎的顆粒狀。

3. 待2全部溶化且溫度來到140℃便迅速讓姬蘋果裹上糖漿，
   排放在烘焙紙上。溫度一旦超過170℃，就會變成焦糖色
   且出現苦味，這一點須特別留意。

Point

🔺 糖衣的溫度為140℃

製作重點在於糖水要煮
至140℃。水量要稍微多
一點，這樣才方便讓整
顆蘋果都沾裹到糖衣。
若是使用名為「愛素糖
（藝術糖）」的糖藝用
砂糖則不用加水。用各
種砂糖試試看吧。

➕ 也用其他水果做做看吧！

水果也有分成方便
製作，和因為水分
太多而不適合製作
的種類。草莓、葡
萄、櫻桃建議要盡
快食用。糖裡的氣
泡是美味的證據。

04

可以保存1個月喔

這道甜點的作法非常簡單，可以親眼觀察並體驗到砂糖的變化。

酥脆烤堅果

材料（方便製作的分量）

綜合堅果（烘烤過）※ ……………200g
細砂糖 ………………………………75g
水 ……………………………………25ml
無鹽奶油 ……………………………15g
黑加侖葡萄乾 ………………………20g
肉桂粉 ………………………………1大匙

※如果沒有烘烤過的堅果，就以預
熱至100℃的烤箱將堅果烤約40
分鐘。

作法

1 在小鍋中放入水和細砂糖，開大火加熱。

2 等到用木鏟舀起時會呈現牽絲的狀態就放入堅果，離火攪拌。

3 加入另外準備的1大匙水和奶油，再次開火加熱。

4 整體混合均勻後，1顆顆地平鋪在烘焙紙上放涼。

5 冷卻後隨個人喜好撒上肉桂粉，和黑加侖葡萄乾混合在一起。

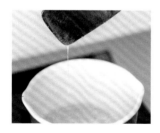

Point

🔬 觀察砂糖的變化

變成140℃麥芽糖狀的砂糖一旦冷卻，可以很清楚地觀察到變化成酥脆結晶的模樣。放入奶油和水之後，水量會瞬間增加使得糖分離，再加上奶油的油分，更會促使其分散開來。

✚ 可以久放，很適合作為禮物！

連長輩都愛吃的好味道。因為保存期間長，試試看裝在瓶子裡，包裝一下當成禮物吧！

05

富有彈性，宛如軟糖的口感。
這份彈力的祕密是什麼呢？

Q彈口感！
法式水果軟糖

材料（20個份）

果泥（覆盆子）················ 320g
檸檬汁 ···························· 10ml
果膠 ······························· 10g
細砂糖 ···························· 325g
水麥芽 ···························· 30g
轉化糖 ···························· 40g

作法

① 將果泥和檸檬汁放入鍋中，煮滾後加入果膠、細砂糖25g
   一起煮。

② 接著加入水麥芽、轉化糖、細砂糖300g，一邊攪拌一邊加
   熱至107℃。

③ 關火，倒入方形淺盤中。

④ 凝固後從盤中取出，切成自己喜歡的形狀，或以喜歡的模
   具取型。

⑤ 最後裹上另外準備的細砂糖。

Point

🧪 107℃＋果膠

107℃這個溫度設定是翻糖的
狀態，介於接近100℃的糖漿
和接近140℃的麥芽糖狀之
間。另外使用了果膠，可以
在保有柔軟度的同時將果汁
鎖入其中並成形。只要瞭解
砂糖和溫度的關係，就能做
出Q彈口感！以喜歡的模具
取型也很不錯喔！

13. Zwerg-Hexentrutz

這是真正的科學實驗。
檸檬和砂糖碰撞出奇妙的反應！

檸檬餅乾

材料（20片份）

【餅乾】　　　　　　　　　【糖霜】
無鹽奶油 ………… 75g　　糖粉 ……………… 100g
糖粉 ……………… 80g　　檸檬汁 …………… 2大匙
低筋麵粉 ………… 200g
蛋黃 ……………… 1顆份

作法

1 事先讓奶油和蛋回復至常溫。

2 奶油放入缽盆中，加入糖粉80g混合攪拌。

3 在2中加入過篩的低筋麵粉混合，再加入打散的蛋黃攪拌成團。這時如果無法成團，就加入大約1大匙的水，攪拌成團。

4 以擀麵棍擀開3，用喜歡的模具取型。放在鋪有烘焙紙的烤盤上，以預熱至180℃的烤箱烤15分鐘。

5 在糖粉100g中分次慢慢加入檸檬汁，做成糖霜。糖霜要呈現不會輕易滴落、稍具濃稠感的硬度。

6 用湯匙的背面，將糖霜塗抹在大致冷卻的餅乾上，靜置乾燥。

Point

🜃 糖粉＋檸檬

在糖粉中加入檸檬汁會凝固，是源自於酸性的力量。雖然還有一種方法是以蛋白或水讓糖粉凝固，但是和使用蛋白的糖霜不同，這樣做出來的糖霜格外具有透明的光澤感。

雖然都是「砂糖」，實際上大有不同

砂糖是製作甜點時不可或缺的材料。
使用的種類不同，呈現的風味和狀態也會隨之改變。

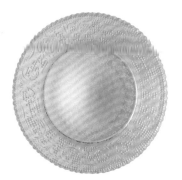

細砂糖

純度比上白糖更高，質地乾爽，甜度強。無色也沒有特殊的味道，很適合用來製作展現食材原色原味的甜點。是製作甜點不可或缺的砂糖的代表性種類。

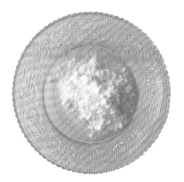

糖粉

將細砂糖磨成更細的粉質狀態。想要烤出沒有粗糙感的滑順狀態時使用。亦可用來作為最後裝飾。

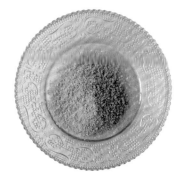

甜菜糖

作為原料的甜菜中含有可調整腸道環境的天然寡糖，不會讓血糖值快速上升。帶有特殊的風味、口感和色澤。

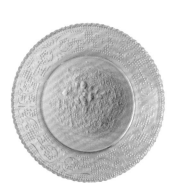

楓糖粉

以糖楓的樹液製成楓糖漿後，從中只去除水分做成的粉狀砂糖。帶有天然的鮮甜味，以及清爽的柔滑感。

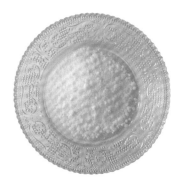

愛素糖

以砂糖為原料的低熱量甜味劑，熱量約莫只有砂糖的一半。性質耐熱，即使加熱也不容易燒焦變色，因此非常適用於糖藝。

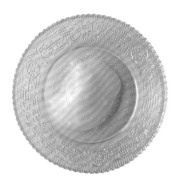

轉化糖

具有很強的吸濕性，是不易結晶化的一種膏狀砂糖。做出來的甜點濕潤不粗糙，而且容易維持原本的狀態。

L'air est un goût secret?

空氣是美味的祕密？

空氣是肉眼看不見，也沒有味道的東西。

但是在製作甜點時，空氣卻是非常重要的材料之一。

海綿蛋糕、蛋白霜要烤得蓬鬆柔軟，

其中有很大一部分是仰賴空氣的力量。

比方說，在葡萄酒瓶中

放入一片鳥羽毛和一顆彈珠，

如果將瓶子倒過來，先落下的當然是彈珠。

但是，一旦用名為真空瓶塞的

防止氧化道具將瓶中空氣抽出來，

形成真空狀態……

鳥羽毛和彈珠就會以相同速度落下。

只要懂得操控空氣不可思議的力量，

就能做出更加趨近於完美的甜點。

01

冷、熱合為一體。作法和吃法
都讓人興奮不已的奇妙世界。

能夠一次品嚐到2種溫度！
火烤阿拉斯加

材料（2人份）

【冰淇淋】※亦可使用市售產品
蛋黃 ·····················2顆份
細砂糖 ·····················30g
鮮奶油 ·····················200ml
草莓果醬 ·····················70g

【海綿蛋糕】※亦可使用市售產品
基本的海綿蛋糕（參考p54）····l個

【蛋白霜】
蛋白 ·····················2顆份
細砂糖 ·····················100g
鹽 ·····················l小撮

事前準備

將海綿蛋糕橫切成半，再取型成2片直徑約5cm的圓形。
依照蛋白霜（P28）的作法製作蛋白霜，然後填入裝有擠花嘴的擠花袋中。

作法

1. 依照「香草冰淇淋（P64）」的作法l～2製作，然後加入果醬混合。

2. 在大的缽盆中放入另外準備的冰塊200g和鹽60g（鹽的分量約為冰塊的30%）。

3. 在2的上面繼續打發l，做成冰淇淋後放入冷凍庫保存。

4. 將海綿蛋糕排放在鋪了烘焙紙的烤盤上，用冰淇淋勺在上面各放上l球冰淇淋。

5. 在4的上面擠上蛋白霜。這時候要用蛋白霜將冰淇淋整個覆蓋住。

6. 以預熱至200℃的烤箱烤4～5分鐘。

Point

氣泡有隔熱效果

這是一個素材的狀態會隨溫度差異產生各種變化的奇妙世界。外側的蛋白霜要以200℃的烤箱烤成金黃色。由於蛋白霜擁有名為空氣變性、能夠穩定狀態的力量，因此即使表面為高溫，熱度也不太會傳導至裡面的冰淇淋，能夠保持恰到好處的硬度。請品嚐看看這個不可思議的世界吧！

擔心會不會融化

蛋白霜的作法

只要學會如何製作蛋白霜，就能應用在各式各樣的甜點上。
當然直接烘烤也非常美味！

材料

蛋白 …………………… 2顆份
細砂糖 ………………… 100g
鹽 …………………………… 1小撮

Point

🧪 **蛋白+砂糖的奇妙變化**

打發蛋白製作蛋白霜時，為什麼要分3次加入砂糖呢？其實這是因為砂糖具有會破壞氣泡表面的性質，因此即使分量相同，一次全部加入就會打不出完美的蛋白霜。相反的，砂糖也擁有能夠製造出細緻氣泡，並且讓氣泡穩定的力量。即使分量相同，作法不同仍會導致相異的結果。

1 在缽盆中放入蛋白和鹽。

2 像是要將蛋白切開一般，以手持電動攪拌器充分攪拌。

3 待整體開始泛白，就加入1小匙細砂糖打發起泡。

4 等到氣泡變細緻且出現光澤，就加入剩餘砂糖的一半，繼續打發。

5 等到變得更有光澤且開始產生紋路，就加入剩餘的細砂糖打發。

6 打發到整體變得滑順且出現挺立的尖角。標準硬度是將缽盆倒過來，蛋白霜也不會掉落的程度。

02

無論由上或由下看都一樣有趣的外太空聖代（新地）。
到底是怎麼做的？

無重力聖代

材料（4杯份）

市售穀片 ················· 40g
蛋白 ·························· 1顆份
細砂糖 ···················· 50g
鹽 ····························· 1小撮
餅乾 ·························· 4片 ※作法如下（亦可使用巾售產品）
香草和水果 ············· 適量（裝飾用）

作法

1 在玻璃杯中依喜好各放入10g的穀片、香草和水果。

2 依照蛋白霜（P28）的作法製作蛋白霜，填入裝有擠花嘴的擠花袋中，擠在餅乾上。

3 讓擠上蛋白霜的那 面朝下，把2的餅乾放在1的杯子上。

4 在作為蓋子的餅乾上擠上蛋白霜，以剩下的香草、水果做裝飾。

餅乾的作法

在室溫軟化的35g奶油中混入甜菜糖40g，接著加入過篩麵粉100g、蛋黃½顆份、紅茶葉½小匙，攪拌成團。整形成比杯口大一圈的大小，以預熱至180℃的烤箱烤15分鐘。

Point

△ 即使倒過來也不會掉落！

利用蛋白霜即使倒過來也不會掉落的定型力，呈現宛如無重力的外觀。祕密就在無數小氣泡。蛋白霜內部含有大量空氣且質地輕盈，因此不會變形，即使倒過來也不會掉落。

03

在蛋白中加入砂糖打發，
將富含空氣的蛋白霜烘烤後做成可愛的樹。

馬林糖樹

材料（直徑10㎝圓錐1個份）

蛋白	2顆份
細砂糖	100g
鹽	1小撮
食材粉（草莓、紫薯、抹茶）	各2g
巧克力筆（白）	1支
圓錐形保麗龍	

作法

1 依照蛋白霜（P28）的作法製作蛋白霜，分成4等分後分別混入
草莓粉、紫薯粉、抹茶粉，做成包括原味在內一共4色。

2 分別填入裝有擠花嘴的擠花袋中。

3 在鋪了烘焙紙的烤盤上擠出2。

4 以預熱至100℃的烤箱烤1小時半，之後直接放在烤箱內靜置30
分鐘，直到冷卻。

5 使用巧克力筆，將大致冷卻的4貼在圓錐上。

也可以包裝起來當成禮物！

和食品用乾燥劑一起放入乾淨
容器內密封保存，可保存大約2
星期。

Point

烤出保有表面張力的成品

蛋白有90％是水分。另一方面，馬林糖則是完全沒有
水分的乾燥甜點。蛋白因為富含蛋白質，所以能夠在氣
泡細緻的狀態下，烤出保有表面張力而不龜裂的成品。
順道一提，要打出漂亮的蛋白霜，最忌諱的就是碰到油
分，因為油分會破壞發泡蛋白表面的膜。有水分時的狀
態和沒有水分時的狀態，不曉得各位有沒有觀察出這兩
者之間的許多差異？

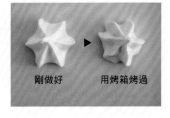

剛做好　　用烤箱烤過

lollipop!

包裝起來送給朋友！

04

只要擠出蛋白霜固定在棒子上，
就能搖身一變成為可愛的甜點！

馬林棒棒糖！

材料（10支份）

蛋白 ························· 2顆份
細砂糖 ······················ 100g
鹽 ·························· 1小撮
覆盆子粉 ····················· 5g

作法

1. 依照蛋白霜（P28）的作法製作蛋白霜，分成2等分。其中一半放入其他缽盆中，加入覆盆子粉，用矽膠刮刀混合均勻。

2. 在烤盤上鋪烘焙紙，排放棒子。只要在棒子末端沾少量蛋白霜，棒子就不會滾動。

3. 將1的蛋白霜分別填入擠花袋，用剪刀剪開前端。兩個一起放進裝有圓形擠花嘴的擠花袋中。

4. 在棒子的末端，以畫圓的方式由內而外地擠出蛋白霜。

5. 以預熱至100℃的烤箱烘烤約1小時30分鐘，之後直接在烤箱內靜置冷卻30分鐘。

重點是要在末端
沾少許蛋白霜

05

如果已經能夠成功做出蛋白霜，
就來挑戰製作馬卡龍吧。裝在喜歡的空盒裡吧。

紅寶石馬卡龍

材料（約10個份）

【馬卡龍麵糊】
蛋白 ………………………… 1顆份
細砂糖 ………………………… 30g
鹽 …………………………… 1小撮
杏仁粉 ………………………… 35g
糖粉 …………………………… 40g
食用色素（紅）………… 少量

【甘納許】
紅寶石巧克力 …………… 100g
鮮奶油 ………………… 70ml

事前準備

將杏仁粉和糖粉混合過篩。
準備2個裝有圓形擠花嘴的擠花袋。

作法

1. 依照蛋白霜（P28）的作法製作蛋白霜，加入杏仁粉、糖粉、食用色素混合均勻。

2. 以馬卡龍手法※混拌至1產生光澤為止。
   ※以將刮板壓向缽盆側面的方式，一邊擠破氣泡一邊混合。視情況混合40～50次，等到麵糊聚合在一起且掉落速度緩慢即可。要注意不要混拌過頭，以免讓麵糊變得鬆散。

3. 將2填入擠花袋中，擠在鋪有烘焙紙的烤盤上，置於室內乾燥30～60分鐘。

4. 待乾燥到摸起來不沾黏的程度，就以預熱至160℃的烤箱烤5分鐘。打開烤箱讓溫度下降至130℃，再繼續烤10分鐘。

5. 製作甘納許。在缽盆中放入紅寶石巧克力，倒入用小鍋加熱過的鮮奶油，混合均勻。

6. 待4完全冷卻就將甘納許填入裝有圓形擠花嘴的擠花袋，2個馬卡龍為1組，夾住擠在平坦面上的甘納許。

Point

 光滑質感來自氣泡的膜

馬卡龍特有的光滑質感，祕密在於「Macaronage」這項技法。一邊混拌一邊擠破麵糊和蛋白霜的氣泡，讓質地變得光滑，能夠讓氣泡均勻一致，如此乾燥後表面就會產生一層膜，同時帶有光澤感。

抹茶馬卡龍

苦味和甜味形成有趣的對比。

材料（約10個份）

【馬卡龍麵糊】

蛋白 ······················ 1顆份
細砂糖 ····················· 30g
鹽 ························· 1小撮
杏仁粉 ····················· 35g
糖粉 ······················· 35g
抹茶 ······················· 5g

【白巧克力鮮奶油】

白巧克力 ················· 120g
無鹽奶油 ················· 100g
糖粉 ······················ 130g

糖珠 ······················· 10g

作法

1. 依照蛋白霜（P28）的作法製作蛋白霜，加入過篩的杏仁粉、糖粉、抹茶混合均勻。

2. 依照紅寶石馬卡龍（P36）的作法2～4製作馬卡龍。

3. 製作白巧克力鮮奶油。奶油在常溫中軟化後，加入以隔水加熱方式融化的白巧克力和糖粉，攪拌均勻。

4. 待馬卡龍完全冷卻，將3的鮮奶油填入裝有星形擠花嘴的擠花袋中，在平坦面上擠出螺旋狀的鮮奶油，然後以2個馬卡龍為1組夾住。

5. 在鮮奶油周圍撒上糖珠。

莓果和蜜桃的馬卡龍蛋糕

水果和馬斯卡彭起司的最佳組合！

材料（約4個份）

【馬卡龍麵糊】

蛋白 ⋯⋯⋯⋯⋯⋯⋯ 1顆份
細砂糖 ⋯⋯⋯⋯⋯⋯ 30g
鹽 ⋯⋯⋯⋯⋯⋯⋯⋯ 1小撮
杏仁粉 ⋯⋯⋯⋯⋯⋯ 35g
糖粉 ⋯⋯⋯⋯⋯⋯⋯ 35g
草莓粉 ⋯⋯⋯⋯⋯⋯ 3g
食用色素（紫）⋯⋯ 少量

【馬斯卡彭起司鮮奶油】

鮮奶油 ⋯⋯⋯⋯⋯⋯ 100ml
細砂糖 ⋯⋯⋯⋯⋯⋯ 10g
馬斯卡彭起司 ⋯⋯⋯ 50g

黑莓 ⋯⋯⋯⋯⋯⋯⋯ 24顆
水蜜桃 ⋯⋯⋯⋯⋯⋯ 1顆

作法

1. 依照蛋白霜（P28）的作法製作蛋白霜，加入過篩的杏仁粉、糖粉、草莓粉、食用色素混合均勻。

2. 依照紅寶石馬卡龍（P36）的作法2～4，做出體積較大、直徑為5㎝的馬卡龍。

3. 製作馬斯卡彭起司鮮奶油。在缽盆中放入鮮奶油和細砂糖打發，打到6分發後加入馬斯卡彭起司繼續打發。

4. 在1片馬卡龍的平坦面上薄塗鮮奶油。在中央放上切成好入口大小的水蜜桃，周圍放上黑莓，然後再疊上鮮奶油。

5. 取1片馬卡龍疊在4上，在頂端中央擠上少許鮮奶油，再將黑莓置於鮮奶油上。

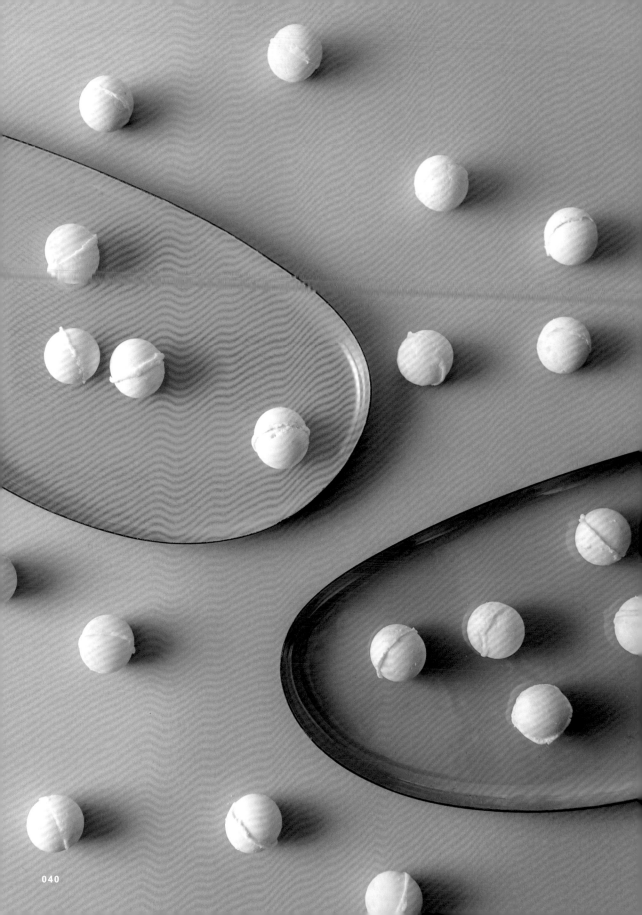

06

會在口中發泡的彈珠汽水糖
到底是怎麼做的？

各種口味的彈珠汽水糖

材料（10顆份）

糖粉 ·································· 50g
玉米（粟米）粉 ················ 10g
檸檬酸 ······························ ½小匙
小蘇打粉 ·························· ½小匙
刨冰糖漿 ·························· 1小匙
（草莓、哈密瓜、檸檬、藍色夏威夷等喜歡的口味）

作法

1 在缽盆中放入糖粉和玉米粉混合。

2 混勻後加入檸檬酸、小蘇打粉、刨冰糖漿混合。

3 塑形成喜歡的形狀後排放在平坦處，靜置乾燥約半天就完成了。

Point

⚗ 為什麼會發泡？

彈珠汽水糖是一種透過接觸空氣乾燥製成的甜點。之所以會產生發泡的刺激口感，祕密就在於裡面加了和檸檬等柑橘類一樣帶有酸味的檸檬酸。一旦將彈珠汽水糖放入碳酸水中就會產生噴發，是因為小蘇打產生了二氧化碳的關係。這張照片是利用相同原理，在小蘇打粉裡加入醋，瞬間產生氣泡。

在家也能輕鬆製作的印度烤餅。
試著觀察酵母菌發酵膨脹的樣子吧。

重現孟克名畫的印度烤餅

從《深入瞭解孟克》
（東京美術出版）的
名畫中獲得靈感，於
是試著做了這款有趣
的烤餅。

材料（4個份）

高筋麵粉	100g
低筋麵粉	100g
乾燥酵母粉	5g
鹽	3g
砂糖	5g
無鹽奶油	10g

作法

1. 將奶油切成小小的骰子狀。

2. 分開鹽和酵母粉，將所有材料放入缽盆中，搓碎奶油，將整體搓成乾鬆的狀態。

3. 加入溫水120ml，用手確實揉捏，直到麵團成團為止。

4. 揉捏到麵團表面出現光澤後，以60℃的水隔水加熱，並且蓋上濕布，發酵約25分鐘。

5. 將發酵好的麵團分成4等分，整圓後蓋上濕布，鬆弛10分鐘。

6. 使用擀麵棍擀開麵團，挖出3個洞，之後放入平底鍋以大火將兩面烤成金黃色。

Point

🝳 發酵所產生的氣體會讓麵團膨脹

酵母菌會在步驟4到5時膨脹。酵母菌是原本就存在於自然界的一種菌。砂糖則會成為酵母菌的食物，促進發酵，另外溫暖的環境也會讓酵母菌變得更加活躍。經過發酵後會產生碳酸氣體，而那個氣體會進入麵團中使其膨脹。各位不妨可以觀察看看麵團在鬆弛之後長得多大，以及烤過後膨脹的樣子。

發酵前

發酵後

➕ 溫度實驗

如果在比較低的溫度下發酵，就必須讓麵團鬆弛更長的時間。以各種不同的條件進行嘗試，找出最適合自己的溫度和發酵時間也很有趣。

08

和印度烤餅一樣使用乾燥酵母粉發酵的麵團，
以高溫油炸後會發生什麼事？

膨脹後填入餡料吧！柏林果醬麵包

材料（10個份）

高筋麵粉 ························· 200g
低筋麵粉 ························· 65g
無鹽奶油 ························· 30g
細砂糖 ···························· 30g
乾燥酵母粉 ····················· 6g
鹽 ·································· 1小匙
蛋 ·································· 1顆
水 ·································· 100ml
覆盆子果醬 ····················· 50g
（參考P98）
糖粉 ······························ 適量
油炸用油 ························· 適量

作法

1 將奶油切成小小的骰子狀。覆盆子果醬要填入裝有擠花嘴
的擠花袋中備用。

2 在缽盆中放入高筋麵粉、低筋麵粉、細砂糖、奶油，鹽和
乾燥酵母粉則要分別放在兩端，不要混在一起。

3 放入打散的蛋液後用手攪拌，一面觀察情況，一邊慢慢加
入水100ml，揉捏成團。

4 一邊搓碎奶油，一邊確實揉捏到表面出現光澤之後，就以
30℃的水隔水加熱，並且蓋上濕布，發酵約25分鐘。

5 將發酵好的4分成10等分整圓，上面不要蓋任何東西，靜
置鬆弛10分鐘。

6 油炸5，炸好後趁熱以長筷戳洞。

7 待大致冷卻，就從6的洞擠入覆盆子果醬，最後撒上糖粉
裝飾。

Point

膨脹後
會產生空洞

將發酵成蓬鬆狀態的麵
團，炸成蓬鬆柔軟的樣
子，然後在裡面填入覆盆
子果醬，就會成為這道柏
林果醬麵包。因為裡面的
果醬分量相當多，咬下後
一定會大為驚豔。

←酵母菌

鹽（岩鹽）→

口感奇妙的棉花糖。
不妨試著在家製作各種口味吧！

大家的最愛！棉花糖

材料（20個）

水 ···························· 50ml
吉利丁（魚膠）片 ········· 6g
細砂糖 ························ 60g
蛋白 ·························· 1顆份
鹽 ···························· 1小撮
玫瑰精油 ···················· 3滴
覆盆子 ························ 30g

事前準備

將吉利丁片放入水中泡軟備用。
在方形淺盤裡鋪上烘焙紙。

作法

1. 在小鍋中放入水和細砂糖40g加熱，待細砂糖溶解就離火，放入擰乾的吉利丁片使其融化。

2. 製作蛋白霜。在缽盆中放入蛋白和鹽充分攪拌，等到整體的顏色開始泛白，就分3次加入細砂糖20g，打發到出現挺立的尖角。（蛋白霜的作法請參考P28）

3. 在2中分次少量地加入1一邊打發，然後加入玫瑰精油輕輕混拌。

4. 將大約⅓的3取出放入缽盆中，加入覆盆子果醬混合。

5. 把剩下的3倒入方形淺盤中，在上面加上4，利用牙籤做出大理石花紋。放入冰箱冷藏1小時即完成。

原味的作法

只要省略上述的步驟4就會變成原味。

抹茶口味、可可口味的作法

兩者的作法都和覆盆子相同。抹茶口味是將「覆盆子」換成「抹茶粉5g」，可可口味是將「覆盆子」換成「可可粉5g」。

Point

🧪 彈力的祕密為何？

口感鬆軟的棉花糖的彈力來自於蛋白霜。明明
未經烘烤卻能夠定型，則是多虧有吉利丁片。
加入吉利丁片後如果過度打發，吉利丁就會凝
固，變得乾燥鬆散。蛋白霜最好要呈現緩慢滴
落並會留下痕跡的狀態。請仔細觀察狀態，做
出雲朵般輕柔的棉花糖！

10

**將喜歡的甜點
全部集結在一起吧！**

全部黏在一起了！
棉花糖Q餅

材料（16cm×19cm方形淺盤1個份）

無鹽奶油 ································· 20g
棉花糖 ································· 100g
（棉花糖的作法請參考P46）
白巧克力 ································· 100g
市售巧克力豆餅乾 ···················· 60g

作法

⒈ 以小火加熱平底鍋，熱鍋後放入奶油和棉花糖，融化後關火。

⒉ 將市售巧克力豆餅乾和白巧克力剝成小塊放入缽盆中，接著加入1，大略混合。

⒊ 平鋪在方形淺盤中，放進冰箱冷藏約40分鐘。硬化後就可以切成喜歡的形狀。

Point

🧪 **運用黏著力好有趣！**

棉花糖是以蛋白和吉利丁製成，因此擁有加熱後黏著性會增加，冷卻後會硬化的性質。除了巧克力和餅乾外，也可以嘗試混入爆米花、大理石巧克力、穀片等。

似融非融！巧克力棉花糖夾心餅乾

你知道棉花糖在微波爐裡會產生什麼樣的變化嗎？

材料（8個份）

【餅乾】

無鹽奶油 ················ 75g
甜菜糖 ·················· 80g
低筋麵粉 ················ 200g
蛋黃 ···················· 1顆份
巧克力豆 ················ 20g

棉花糖 ·················· 80g
板狀巧克力 ·············· 1片

作法

1 製作餅乾。在缽盆中放入回復至室溫的奶油和甜菜糖充分攪
拌，然後加入過篩的低筋麵粉混勻。

2 加入蛋黃和巧克力豆，聚集成團。如果無法成團的話再加入
約1大匙的水。

3 以擀麵棍擀開麵團，取型做出16片。排在鋪有烘焙紙的烤盤
上，以預熱至180℃的烤箱烤18分鐘。

4 待大致冷卻，在一半的餅乾上擺放剝成小塊的板狀巧克力，
然後再放上棉花糖。

5 放進600W的微波爐加熱約20秒，疊上剩下的餅乾，輕壓做
成夾心餅乾。

好簡單！棉花糖布丁

只要有市售的棉花糖，馬上就能讓甜點大變身！

材料（布丁杯4個份）

牛奶 ·····························200ml
棉花糖 ·························80g
彩色棉花糖 ·····················20g

作法

1. 用廚房剪刀剪開彩色棉花糖10g，黏貼在玻璃杯的內側。

2. 在小鍋中放入牛奶和棉花糖，開火加熱。

3. 一邊小心不要滾到滿出來，一邊以矽膠刮刀攪拌，等到棉花糖溶化就離火，加入剩下的彩色棉花糖一起倒入杯中。

4. 放進冰箱冷藏1小時。

Point

🜁 什麼都可以黏黏看

剪開棉花糖後，可以發現斷面具有黏著性。平常之所以不會黏手，是因為周圍有包裹著玉米粉的關係。將斷面黏貼在玻璃杯上，創造出各種圖案也很有趣。

11

只要使用微波爐，
就能馬上做出杯子蛋糕！

微波爐好厲害！
馬克杯蛋糕

柳橙馬克杯蛋糕

材料（馬克杯2個份）

A		
低筋麵粉	80g[※]	
細砂糖	50g[※]	
泡打粉	1小匙[※]	
※可以全部以100g的鬆餅粉取代		
優格	50g	※港譯乳酪
沙拉油	50g	
蛋	1顆	
柳橙	½顆份	

作法

1. 在缽盆中將蛋打散，加入優格和沙拉油，用打蛋器攪拌。

2. 在1中加入過篩的低筋麵粉、細砂糖、泡打粉，攪拌到沒有粉感後，刨下柳橙皮加進去，再將整體混合均勻。

3. 倒入麵糊直到馬克杯的一半，然後擺上切成薄片的柳橙。

4. 輕輕覆上保鮮膜，以600W微波爐加熱約4分鐘。

- -

Memo 　如果不使用微波爐而改以烤箱來烤，就以預熱至180℃的烤箱烤約30分鐘。

Point

🔺 會膨脹是由於「查理定律」

放進微波爐的東西會升溫，是因為微波爐會釋出名為微波的電磁波，劇烈震動水分的緣故。根據「查理定律」，體積會隨著氣體溫度上升而增加。加上在麵糊裡加入泡打粉會引起化學反應，產生水和二氧化碳，又會使其更加地膨脹。其實麵糊膨脹的理由還有很多。比方說，麵包和印度烤餅是因為酵母菌發酵，產生二氧化碳而膨脹；泡芙麵糊和派皮麵團則是因為麵糊（麵團）裡所含的水分受熱變成水蒸氣，於是像氣球一樣膨脹起來。膨脹現象真的很有趣呢！

番薯馬克杯蛋糕

材料（馬克杯2個份）

低筋麵粉	75g	優格	50g
細砂糖	50g	沙拉油	50g
泡打粉	1小匙	蛋	1顆
南瓜粉	15g	番薯	50g

作法

1. 番薯切成骰子狀，用600W微波爐加熱約2分鐘使之變軟。低筋麵粉、泡打粉要過篩備用。

2. 在缽盆中將蛋打散，加入優格和沙拉油，用打蛋器攪拌。

3. 在2中加入低筋麵粉、細砂糖、泡打粉、南瓜粉，攪拌到沒有粉感後，加入大約⅔的番薯，將整體混合均勻。

4. 倒入麵糊直到馬克杯的一半，接著放上剩下的番薯。

5. 輕輕覆上保鮮膜，以600W微波爐加熱約4分鐘。

華麗馬克杯蛋糕

材料（馬克杯2個份）

和柳橙馬克杯蛋糕的 A相同的材料		彩色糖珠	20g
		鮮奶油	100ml
		細砂糖	10g

作法

1. 在缽盆中將蛋打散，加入優格和沙拉油，用打蛋器攪拌。

2. 在1中加入過篩的低筋麵粉、細砂糖、泡打粉，攪拌到沒有粉感後加入彩色糖珠，將整體混合均勻。

3. 倒入麵糊直到馬克杯的一半。

4. 輕輕覆上保鮮膜，以600W微波爐加熱約4分鐘。

5. 待大致冷卻，擠上發泡鮮奶油（參考P9），再以另外準備的彩色糖珠做裝飾。

可可馬克杯蛋糕

材料（馬克杯2個份）

低筋麵粉	70g	沙拉油	50g
細砂糖	50g	蛋	1顆
泡打粉	1小匙	棉花糖	適量
可可粉	10g	巧克力	適量
優格	50g	餅乾	適量

作法

1. 在缽盆中將蛋打散，加入優格和沙拉油用打蛋器混合攪拌。

2. 在1中加入過篩的低筋麵粉、細砂糖、泡打粉、可可粉，攪拌到沒有粉感為止。

3. 倒入麵糊直到馬克杯的一半。

4. 輕輕覆上保鮮膜，以600W微波爐加熱約4分鐘。

5. 待大致冷卻，試著以棉花糖、巧克力和餅乾在上面做裝飾。

基本的海綿蛋糕

材料（直徑15cm蛋糕模1個份）

蛋	2顆
細砂糖	55g
低筋麵粉	35g
玉米粉	15g
無鹽奶油	20g

事前準備　在模型的底部和側面分別鋪上烘焙紙。
將低筋麵粉和玉米粉混合過篩。奶油要隔水加熱（50℃左右）慢慢融化。

1 　在缽盆中打入蛋，用手持電動攪拌器打散，等到產生韌性就加入細砂糖，輕輕攪拌。

2 　一邊將缽盆隔水加熱（80℃）一邊打發，加熱到手指伸進去覺得溫溫的（蛋最容易膨脹的溫度）為止。

3 　結束隔水加熱，再繼續使用手持電動攪拌器打發。

4 　重點是要打發到顏色變白，質地細緻有濃稠感為止。舀起時，呈緞帶狀滴落的蛋糊會在表面停留。

蛋最容易膨脹的溫度是37℃左右

蛋糕膨脹是一件很不可思議的事情。先來熟悉基本海綿蛋糕的作法吧！要讓蛋糕膨脹有很多種方式，這裡採取的是使其富含空氣而膨脹的作法。要讓蛋含有大量空氣，最大的重點是要在蛋最容易膨脹的溫度下進行。蛋的溫度上升膨脹的力量（熱膨脹）會讓氣泡變大變穩定。溫度是37℃左右，和人體溫度相同。洗澡水的溫度則大約是40℃。用指尖觸碰蛋糊，如果覺得不冷也不熱，就表示已達人體肌膚的溫度了。

5 加入低筋麵粉和玉米粉，大略攪拌到沒有粉感為止。一邊用單手轉動缽盆，一邊以矽膠刮刀輕柔地從底部上下翻動混合，以免蛋液消泡。

6 倒入融化的奶油液，均勻攪拌到看不見奶油且麵糊出現光澤感為止。為避免麵糊消泡，奶油要沿著矽膠刮刀加入缽盆中。

7 將麵糊倒入模型中，以預熱至170℃的烤箱烤25～30分鐘。

8 烤好後先不要脫模，從距離檯面10～20cm的高度摔落，以去除蒸氣、防止回縮。之後脫模，放在蛋糕散熱架上冷卻。

Température et poids
利用溫度
和重量的差異

例如溫的、冷的，

輕的、重的，

油和水。

能夠像這樣結合兩種性質截然不同的東西，

正是甜點不可思議之處。

平常享用時不以為意，一旦發覺原來甜點是如此奇妙，

就會讓人產生「為什麼會這樣？」的好奇心。

01

宛如雞尾酒的分層飲料。為什麼顏色會清楚地分開呢？

運用質量差異的奇妙分層飲料

質量的分層飲料①

熱帶藍色夏威夷

材料（1人份）

刨冰糖漿（藍色夏威夷）········10ml
水 ···································50ml
鳳梨汁 ·······························30ml
芒果汁 ·······························50ml
（或是將1顆芒果和牛奶25ml
用果汁機打成芒果汁）
冰塊 ·····························60g左右
薄荷葉 ·······························適量

作法

1 混合刨冰糖漿（藍色夏威夷）和水。

2 將芒果汁倒入玻璃杯，放入較多的冰塊。

3 輕輕地將鳳梨汁倒在冰塊上，然後倒入1，
最後以薄荷葉裝飾。

質量的分層飲料②

冰淇淋哈密瓜蘇打

材料（1人份）

刨冰糖漿（哈密瓜）··············20ml
氣泡水 ······························100ml
冰塊 ·····························60g左右
冰淇淋 ································1球
櫻桃 ·····························依個人喜好

作法

1 將刨冰糖漿（哈密瓜）倒入玻璃杯，放
入較多的冰塊。

2 輕輕地將氣泡水倒在冰塊上，然後放上
冰淇淋，最後依個人喜好裝飾上櫻桃。

草莓蘇打

材料（1人份）

刨冰糖漿（草莓）……………20ml
氣泡水………………………100ml
冰塊…………………………60g左右
檸檬（薄片）…………………2片

作法

1 將刨冰糖漿（草莓）倒入玻璃杯，放入較多的冰塊。

2 輕輕地將氣泡水倒在冰塊上，然後添上檸檬片。

和三盆柳橙冰茶

材料（1人份）

和三盆糖漿……………………75ml
（水50ml、和三盆25g）
柳橙汁…………………………50ml
冰茶……………………………50ml
冰塊…………………………60g左右

作法

1 在小鍋中放入水與和三盆開火加熱，煮到和三盆溶化變成糖漿。

2 將1倒入玻璃杯，放入較多的冰塊。

3 輕輕地將柳橙汁倒在冰塊上，接著再倒入冰茶。

彩虹潘趣酒

材料（2人份）

【彩虹果凍】
刨冰糖漿 ····························· 各50ml
（藍色夏威夷、草莓、檸檬）
吉利丁片 ····························· 9g

【潘趣酒（賓治）】
水 ································ 200ml
細砂糖 ····························· 120g
柳橙片 ···························· 2～3片

作法

1 分別用小鍋加熱一共3色的刨冰糖漿，各加入3g以另外準備的水泡軟的吉利丁，煮到溶解。

2 做成6色的糖漿。藍色的藍色夏威夷，紅色的草莓，黃色的檸檬，混合少量藍色夏威夷和草莓調出來的紫色，混合少量草莓和檸檬調出來的橘色，混合少量藍色夏威夷和檸檬調出來的綠色。

3 倒入製冰盒，放進冰箱冷藏1小時。

4 製作潘趣酒。在小鍋中放入水、細砂糖、柳橙皮，開火煮到細砂糖溶解便關火。

5 去掉柳橙皮，待大致冷卻就放入冰箱冷藏。

6 將5倒入玻璃杯，放入3的果凍。

Point

🜊 重量差異的祕密

欣賞顏色的堆疊變化也很有趣。透過這款彩虹潘趣酒，可以看到6色果凍在透明潘趣酒中漂浮移動的樣子。順道一提，如果果凍不是放入潘趣酒而是礦泉水中……就會沉下去。水的密度是1g/cm³，但是水加入砂糖或鹽分之後浮力就會改變。這個原理就和比起游泳池，人體在海裡比較容易浮起來是一樣的。各位可以用手邊的飲料嘗試看看。

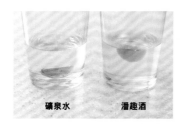

礦泉水　　　　潘趣酒

只要有色彩的三原色：紅、藍、黃，就能調出其他許多顏色！

紅	+	藍	=	紫	一旦改變分量… →	藍紫	紅紫
紅	+	黃	=	橘	→	朱紅	山吹
藍	+	黃	=	綠	→	藍綠	黃綠
紅	+	藍	+	黃	= ?	試試看會變成什麼顏色吧

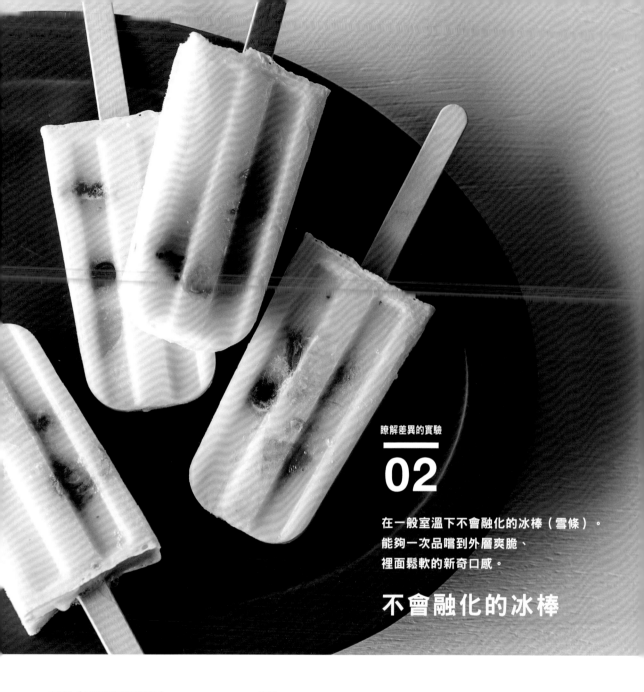

02

在一般室溫下不會融化的冰棒（雪條）。
能夠一次品嚐到外層爽脆、
裡面鬆軟的新奇口感。

不會融化的冰棒

材料（冰棒模型6支份）

牛奶 ························· 400ml
寒天粉 ······················· 4g
砂糖 ·························· 30g
喜歡的水果塊 ·············· 適量

作法

① 在冰棒模型裡放入適量水果塊。

② 在小鍋中放入牛奶、寒天粉、砂糖，開中火加熱。

③ 沸騰後轉小火煮2～3分鐘，一邊輕輕攪拌煮到產生濃稠度就離火。

④ 倒入冰棒模型中，插上冰棒棍，放進冰箱冷凍4小時定型。

🔬 何謂融點的差異？

如同冰棒的包裝袋上，經常會註明「需冷藏於－18℃以下」，冰在氣溫20℃或體溫36℃下很快就會融化。但是寒天的融化溫度是70℃。只要運用寒天的這項特質，就能做出在室溫下不會融化的冰棒。照片為在常溫下放置１小時的狀態。

✚ 如果用果汁汽水來做…

碳酸飲料會產生氣泡是因為有二氧化碳。如果將果汁汽水冷凍，二氧化碳就會氣化，膨脹成1.5倍大。圖中左邊的冰棒不含碳酸，右邊則含有碳酸。

材料（冰棒模型6支份）

柳橙汁	400ml
寒天粉	4g
砂糖	30g
柳橙	½顆份

作法

1. 將柳橙切成薄片，輕輕地貼在冰棒模型的邊緣上。

2. 在小鍋中放入柳橙汁、砂糖、寒天粉，開中火加熱，過程中要不時攪拌以免滾到滿出來。

3. 沸騰後轉成小火，煮1～2分鐘。

4. 將3倒入冰棒模型中，插上冰棒棍，放進冷凍庫冰4小時凝固。

03

風味濃郁的美味冰淇淋。
即使沒有特殊工具,也能利用科學的力量做出來!

古早味香草冰淇淋

材料(8人份)

蛋黃 ……………………… 2顆份
細砂糖 …………………… 30g
鮮奶油 …………………… 200ml
香草莢(雪呢拿條)…… ½支
(或是香草精3滴)

作法

1 在鮮奶油中加入香草莢,打發至6分發。
   (參考P9)

2 缽盆中放入蛋黃和細砂糖,打發至泛白。

3 在較大的缽盆中放入另外準備的冰塊200g
   和鹽60g(鹽的分量約為冰塊的30%)。

4 在2中加入1,放在3上面繼續打發。

5 待變成冰淇淋的狀態後移至容器內,放進
   冷凍庫保存。

Point

🔬 利用冰點溫度的不同來製作

在冰塊中加入鹽巴,溫度最低可降至-21.3℃,在此同時,水
的結凍溫度(冰點溫度)也會下降至-21.3℃。冬天積雪時會
在路上撒鹽就是這個緣故。撒鹽後水結凍的溫度會下降,使
得冰面變得不容易結冰。只要這個利用冰塊和鹽巴讓冰點下降的作用,就能在非常低的溫度下做出柔軟美味的冰淇淋。

➕ 一結凍……就黏住了!

重疊排列香蕉或草莓薄片,放進冷凍庫結冰……香蕉就會黏在一起。放在冰淇淋上一起品嚐看看吧。

巧克力冰淇淋

在自製冰淇淋中加入喜歡的食材，享受變化多端的滋味。

材料（8人份）

蛋黃 ····················· 2顆份
細砂糖 ·················· 30g
鮮奶油 ·················· 200ml
巧克力 ·················· 60g
香蕉 ····················· 1根
Oreo餅乾 ·············· 3片
彩色棉花糖 ··········· 10g

事前準備　巧克力切成小塊（如果是板狀就直接使用）。
　　　　　　100ml鮮奶油打成6分發。（參考P9）
　　　　　　Oreo餅乾要用手掰成小塊。

作法　① 在小鍋中放入鮮奶油100ml開火加熱，之後倒入裝有巧克力的缽盆中混
　　　　　合攪拌。待大致冷卻，就和打成6分發的鮮奶油混合。

　　　　② 在缽盆中放入蛋黃和細砂糖，用打蛋器打發至泛白。

　　　　③ 在較大的缽盆中放入冰塊200g和鹽60g（分量外，鹽的分量約為冰塊的
　　　　　30%）。

　　　　④ 在2中加入1，放在3上面繼續打發。

　　　　⑤ 等到變成冰淇淋的狀態，就加入切成小塊的香蕉、Oreo餅乾、棉花糖大
　　　　　略攪拌，然後移入容器內放進冷凍庫保存。

優格冰淇淋

如果想要更輕鬆簡單地製作冰淇淋，可以試試看這種用製冰盒做成的冰淇淋喔。

材料（15格製冰盒）

希臘優格 ……………… 200g
蜂蜜 ………………… 20g
草莓果醬 ……………… 20g
奇異果、覆盆子、藍莓
………………………… 各30g

作法

1. 在希臘優格中加入蜂蜜，充分攪拌到滑順為止。

2. 將1分裝入製冰盒，然後用湯匙各加入少量的草莓果醬。使用牙籤輕輕攪拌，做出大理石花紋。

3. 在2的上面擺放切成容易入口大小的水果，放進冰箱40分鐘冷凍定型。

04

不曉得裡面會出現什麼，讓人好期待。
要如何做成這樣的造型呢？

挖掘！化石巧克力

材料（15cm×18cm方形淺盤1個份）

白巧克力 ························· 100g
黑糖 ····························· 250g

作法

1. 將黑糖平鋪在方形淺盤中，使用裝了水的噴霧器噴濕黑糖，使其變硬。

2. 將恐龍模型和貝殼壓在黑糖上，做出腳印和貝殼的造型。

3. 以隔水加熱的方式融化白巧克力，讓溫度升到45℃。

4. 結束隔水加熱，攪拌的同時用湯匙將溫度降到30℃左右的3輕輕倒入2中，然後放進冰箱冷藏40分鐘定型。

5. 懷著期待的心情，像是要從地層中挖掘恐龍，用鏟子輕輕地取出埋在裡面的巧克力享用！

Point

🧪 如何讓硬化的砂糖變鬆散？

由於黑糖一旦吸收水分就會硬化，因此可以塑造出造型，然後倒入液態的巧克力，做成像化石一樣。硬化的砂糖如果變得太硬，只要滴入一滴水，馬上就會鬆散開來！

05

容器也可以一起吃掉！
試著用小小的氣球做做看吧。

可以吃的巧克力盤

材料（1個份）

牛奶巧克力 ···················· 200g
水球 ·························· 4個

事前準備　先將水球灌好。

作法　① 在缽盆中放入牛奶巧克力，以隔水加熱的方式融化，讓溫度升到50℃。

② 結束隔水加熱，攪拌到溫度降至30℃左右後，用湯匙在烘焙紙上滴4滴。

③ 用水沾濕水球後，讓大約⅓的水球浸在巧克力中，接著輕輕放在2的巧克力上。

④ 放入冰箱冷藏2小時。用牙籤刺破氣球，盤子就完成了。

Point

🔬 調溫的溫度差異

所謂「調溫」是指將巧克力的可可脂分解成微小粒子，好讓融點一致所進行的溫度調整。巧克力可大致分成4種。牛奶巧克力中含有乳脂肪，白巧克力中不含可可固質；紅寶石巧克力是由帶有獨特紅寶石色澤，以及水果甜味的紅寶石可可豆製成。每種巧克力的調溫溫度不盡相同，只要瞭解其規則就能順利完成。

黑巧克力：加熱到55℃，在31℃作業。
牛奶巧克力：加熱到50℃，在30℃作業。
白巧克力：加熱到45℃，在29℃作業。
紅寶石巧克力：加熱到43℃，在30℃作業。

牛奶巧克力　　　　黑巧克力

紅寶石巧克力　　　白巧克力

好想快點刺破！

復活節的應景甜點。不曉得裡面裝了什麼？真令人期待。
不過，究竟是如何裝進去的呢？

06

裡面有什麼？
復活節蛋巧克力

Easter egg!

材料（1個份）

牛奶巧克力 ················· 200g
白巧克力 ···················· 200g
喜歡的甜點 ··············· 適量

作法

1. 在缽盆中放入牛奶巧克力，以隔水加熱的方式加熱到50℃。

2. 結束隔水加熱，一邊攪拌一邊讓溫度降至30℃左右，然後倒入模型，使其遍佈整體。

3. 將2放入冰箱冷藏1小時定型。

4. 以隔水加熱的方式將白巧克力加熱至45℃。

5. 將降溫至29℃左右的4，倒在3的牛奶巧克力上面，放進冰箱冷藏1小時定型。

6. 輕輕將5脫模，在其中一邊放入甜點。

7. 將不鏽鋼湯匙放進熱水中加熱後擦乾水分，以背面劃過巧克力的邊緣，接著黏上另一邊的巧克力。如果有縫隙，就用浸過熱水的湯匙背面填補縫隙。

Point

🔬 融化後就能黏著

巧克力可以透過調整溫度，時而融化、時而凝固。所以就算不特別使用其他材料，只要融化後稍待一段時間就會自己黏起來。融化時，可以在表面加上裝飾，或是做成文字、裝飾品。各位不妨在烘焙紙上試作看看。

✚ 復活節蛋的變化作法！

用牙籤在蛋的上下鑽孔，從單邊吹氣讓內容物露出來，然後加上花紋吧！照片是以用不到的絲質領帶整個包起來，放進加了醋的熱水裡煮。花紋會印在蛋殼上！

4種巧克力棒

見到玻璃杯中插了這麼長的波奇巧克力棒，客人一定會大吃一驚！

材料（20支份）

麵包棒	20支
牛奶巧克力	100g
白巧克力	100g
黑巧克力	100g
紅寶石巧克力	100g
糖珠	20g
乾燥草莓	20g
開心果	20g
脆焦糖	20g

作法

1. 在缽盆中放入牛奶巧克力，以隔水加熱的方式加熱到50℃。

2. 結束隔水加熱，一邊攪拌一邊讓溫度降至30℃左右後，讓麵包棒裹上巧克力，排放在烘焙紙上。

3. 以糖珠做裝飾，放進冰箱冷藏1小時定型。

4. 以同樣方式，依照白巧克力、黑巧克力、紅寶石巧克力的調溫溫度進行作業，然後裝飾上乾燥草莓、開心果、脆焦糖，放進冰箱冷藏。

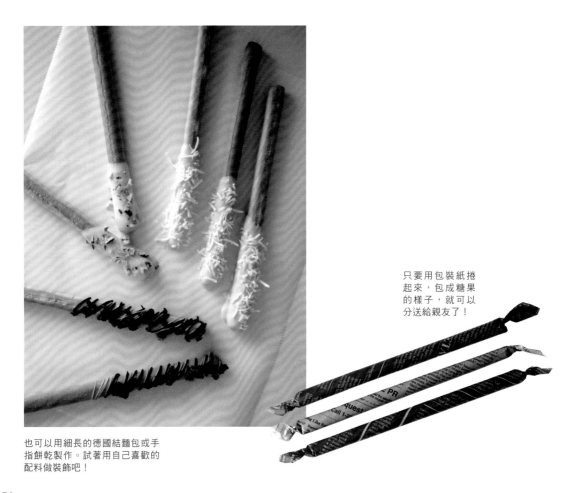

也可以用細長的德國結麵包或手指餅乾製作。試著用自己喜歡的配料做裝飾吧！

只要用包裝紙捲起來，包成糖果的樣子，就可以分送給親友了！

湯匙巧克力

可以直接吃，或是放進熱可可、熱牛奶中溶化飲用也很美味！
也可以寫上訊息或是綁上蝴蝶結送給好朋友。

材料（可麗露模型約10個份）

牛奶巧克力······················ 200g
巧克力豆 ························· 20g
巧克力脆片 ····················· 20g
乾燥覆盆子 ····················· 適量

作法

1️⃣ 在缽盆中放入牛奶巧克力，以隔水加熱的方式加
熱到50℃。

2️⃣ 結束隔水加熱，一邊攪拌一邊讓溫度降至30℃左
右，然後倒入可麗露模型中。

3️⃣ 放上巧克力豆、巧克力脆片、乾燥覆盆子裝飾。

4️⃣ 插上湯匙，放進冰箱冷藏約2小時定型。

比方說像這樣畫上喜歡的圖案，或是寫上
「Thank you!」之類的文字，就成了一
份令人驚喜的禮物。放上脆焦糖、玉米脆
片、小餅乾也很有趣。

各種用吸管製作的蛋糕頂飾

如果有多餘的緞帶布，可以綁
在2根吸管的兩端上，或是在麻
布上綁許多短緞帶，使其垂掛
下來，如此一來，就是很棒的
派對裝飾了。

作法是將4張有色的杯子蛋糕用鋁
箔紙疊放，加上緞帶，和吸管綁
在一起。只要把剩餘的甜點包裝
紙和緞帶留下來，就能再次有效
運用！

巧克力棒的包裝

贈送像P93那樣的巧克力棒時，也可
以試著在包裝上下點功夫。照片是
用畫筆加上顏料飛沫的紙，以及用
吸管在紙上做出吹畫，當成獨創的
包裝材。

07

這是魔術？
以香草茶做成的藍色果凍轉眼變成紫色！

變色果凍

材料（耐凍杯4個份）

水 ·······························300ml
細砂糖 ····························30g
吉利丁片 ··························7.5g
蝶豆花※（茶包）····················1包
檸檬 ·······························1顆

作法

1 吉利丁片要用另外準備的水泡軟備用。檸檬要切成薄片或
　取出果肉。

2 在鍋中煮沸300ml的水，將蝶豆花茶包熬煮幾分鐘。從鍋
　中取出蝶豆花，放入細砂糖使其溶解。

3 待大致冷卻就加入吉利丁，然後倒入事先浸過冷水的方形
　淺盤中，放進冰箱冷藏40分鐘定型。

4 用叉子攪碎後盛入玻璃杯，加入檸檬片混拌享用。

※蝶豆花據說有令子宮收縮的效果，因此懷孕婦女及哺乳婦女請斟酌食用。

加入檸檬後會變色！

Point

天然的石蕊試紙

香草中所含的色素「花
青素」會和酸性的檸檬
起反應，讓顏色從藍色
變成紫色。餐桌上還有
其他酸性、鹼性食材，
各位可以試著找找看。

✚ 也能做成變色飲料

在蝶豆花冰茶中擠
入檸檬，顏色改變
的瞬間簡直就像變
魔術一樣。可以看
見宛如朝霞的漸層
色彩喔！

08

乍看平凡的蛋糕，
藏著能夠隨時保持「濕潤」的祕訣。

濕潤的香蕉蛋糕

材料（7cm×16cm×高6cm磅蛋糕模型1個）

低筋麵粉 ┄┄┄┄┄┄┄┄ 200g
泡打粉 ┄┄┄┄┄┄┄┄┄┄ 1小匙
無鹽奶油 ┄┄┄┄┄┄┄┄ 80g
細砂糖 ┄┄┄┄┄┄┄┄┄┄ 60g
蛋 ┄┄┄┄┄┄┄┄┄┄┄┄┄ 1顆
優格 ┄┄┄┄┄┄┄┄┄┄┄┄ 100g
香蕉 ┄┄┄┄┄┄┄┄┄┄┄┄ 2根
楓糖漿 ┄┄┄┄┄┄┄┄┄┄ 20ml

事前準備

將優格放入咖啡濾紙中，
置於冰箱一晚，去除水分。
奶油和蛋回復至室溫。
在模型中鋪烘焙紙。

作法

1　香蕉剝皮，1根放入塑膠袋中用手捏成泥狀，另1根縱向對切。

2　在缽盆中放入奶油和細砂糖，用打蛋器研磨攪拌。

3　在2中混入蛋液和優格，接著加入香蕉泥攪拌均勻。

4　在3中混入過篩的低筋麵粉和泡打粉後，將麵糊倒入模型中，用矽膠刮刀將麵糊整形成中央凹陷、兩端較高。

5　放上縱切的香蕉，以預熱至180℃的烤箱烤約45分鐘。

6　刺入竹籤，如果麵糊沒有沾黏就脫模，趁熱在整體塗上以微波爐（600W約40秒）加熱過的楓糖漿。

Point

🜊 控制水分

要讓蛋糕體「濕潤」，最重要的就是「水分不流失」。
但是，大多數的水分卻會因為烤箱的熱度而蒸發乾燥。
這時能夠派上用場的，就是從一開始就去除「多餘水分」的濕潤食材。將優格靜置一陣後所產生的水分（上層澄清液），就是這裡所說的「多餘水分」。如果將咖啡濾紙當成濾紙，去除優格的水分……只要靜置一晚就能去除多餘水分。這樣的優格吃起來非常濃郁美味喔！

09

**將水果等重物放進蛋糕裡烤，照理說應該會往下沉，
然而食材為何會均勻地散開呢？**

食材不會沉澱的水果蛋糕

材料（7cm × 14cm × 高6cm磅蛋糕模1個）

低筋麵粉	120g	蜂蜜	1小匙
杏仁粉	30g	糖漬櫻桃	30g
無鹽奶油	100g	白果餡	200g
楓糖粉	100g	（無花果乾、黑加侖葡萄乾、蘋果、	
蛋	2顆	葡萄乾各50g，蘭姆酒100ml）	

作法

1. 在缽盆中放入奶油和楓糖粉，用打蛋器研磨攪拌。

2. 在1中分次少量地加入蛋液，且每次加入都要攪拌均勻，之後混入杏仁粉和蜂蜜。

3. 在別的缽盆中放入百果餡的材料和2大匙低筋麵粉，混合均勻。

4. 將剩下的低筋麵粉加入2中，大致攪拌到殘留少許粉感的狀態之後，混入3的百果餡和糖漬櫻桃。

5. 將麵糊倒入鋪有烘焙紙的模型中，用矽膠刮刀將麵糊整形成中央凹陷、兩端較高。

6. 以預熱至170℃的烤箱烤約50分鐘。

Point

🔬 餡料均勻散開的技巧

之所以讓百果餡裹上少量低筋麵粉，是因為低筋麵粉會像漿糊一樣黏在麵糊上，使得食材均勻分散。蛋糕麵糊也要做成使用奶油的厚重口感，而非空氣感多的輕盈口感，如此一來比重會比較接近，做起來也就不容易失敗了。

Couleur et forme

變化豐富的
色彩和造型

自然和藝術、數學和科學其實十分相似。

而甜點的製作更是包含以上所有的元素。

例如蜜蜂所打造出來的單「蜂巢組織」

為什麼是六角形呢？

原因是要迅速製作出能夠遮風擋雨、保護孩子的房屋，

這種造型的效率最好且最堅固。

比四角、三角更加堅韌，能夠以最短距離製作完成，

而且不會像圓形一樣產生無用的縫隙。

甜點也不是只有美味而已，

其配方實際上是由科學和數學所組成。

若是再另外添加色彩的組合、設計、

堅固的角度、奇妙的造型、藝術等元素，

就能從中創造出無窮變化。

發揮你無窮的創意，
試著替杯子蛋糕加上裝飾吧！

杯子蛋糕

材料（杯子蛋糕模型12個份）

【杯子蛋糕】

低筋麵粉 ····························125g
玉米粉 ······························45g
楓糖粉 ······························170g
小蘇打粉 ····························¾小匙
玉米（粟米）油 ····················125g
豆漿 ································70ml
優格 ································70g
蛋 ··································1顆

【奶油霜】

無鹽奶油 ····························100g
糖粉 ································300g
喜歡的食用色素（凝膠型）···少量

事前準備

將低筋麵粉、玉米粉、楓糖粉、小蘇打粉混合過篩。

作法

1 在缽盆中放入過篩的粉類，接著加入玉米油、豆漿、
　優格、蛋，用打蛋器攪拌均勻。

2 將1倒入鋪有蛋糕紙模的杯子蛋糕模型中，以預熱至
　150℃的烤箱烤約40分鐘。

3 在缽盆中放入回復至室溫的奶油和糖粉，打發做成奶
　油霜，然後調成自己喜歡的顏色。（奶油霜如果太
　硬，就用分量外的牛奶調整硬度。奶油霜的硬度會隨
　氣溫改變，夏天偏軟，冬天偏硬。）

4 在擠花袋上裝喜歡的擠花嘴，填入奶油霜，擠在已大
　致冷卻的2上做裝飾。

- -

Memo 　奶油霜可以冷凍保存。從冷凍庫中取出，回復常
　　　　　溫軟化後即可再次使用。

Point

要怎麼做成那種形狀？

即使是乍看複雜的裝飾造型，其實仔細觀察後，
有時會發現不過是簡單形狀的集合體。從想要
模仿製作的照片中，反向思考要如何才能做出那
種造型和花紋，是一件很有趣的事情。就算工具
相同，作法不同也會產生不一樣的成果。

星形擠花嘴　　圓形擠花嘴

Idées déco

各種擠花方式

在擠花袋上裝圓形擠花嘴，填入白色鮮奶油，一邊慢慢轉動杯子蛋糕，一邊從外側往內側描繪出花瓣的樣子。最後用裝上星形擠花嘴的擠花袋，在正中央擠上一圈粉色鮮奶油。

擠花嘴 ● + ✳

 →  →

將白色鮮奶油、粉色鮮奶油、水藍色鮮奶油、綠色鮮奶油一起包在保鮮膜裡，放入裝有星形擠花嘴的擠花袋，擠的同時要往左右移動。

擠花嘴 ✳

 → 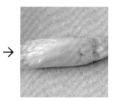 →  →

在裝有圓形擠花嘴的擠花袋中填入白色鮮奶油，從杯子蛋糕的中心往外畫圓，填滿空隙。最後在裝有星形擠花嘴的擠花袋中填入綠色鮮奶油，擠壓3次。

擠花嘴 ● + ✳

 →  →  →

依照最上方提到的要領，在裝有圓形擠花嘴的擠花袋中填入喜好顏色的鮮奶油，然後一邊慢慢轉動杯子蛋糕，一邊從外側往內側描繪出花瓣的樣子。接著在上面一層疊上較小的花瓣。

擠花嘴 ●

 →  →

擠花嘴 ✳

將白色鮮奶油、粉色鮮奶油、紫色鮮奶油包在保鮮膜裡，填入裝有星形擠花嘴的擠花袋中，
一次擠壓一下，在不重疊的情況下填滿縫隙。

 →  →

擠花嘴 ✴

在裝有星形擠花嘴的擠花袋中填入粉色鮮奶油，從杯子蛋糕的中心往外側擠一圈，最後朝中
央收尾。最後將白色鮮奶油填入裝上星形擠花嘴的擠花袋，擠壓一下作為裝飾。

 →  →  →

擠花嘴 ✳

在裝有星形擠花嘴的擠花袋中填入粉色鮮奶油，在杯子蛋糕上畫圓，在稍微重疊的地方再擠
上一個圓，將白色鮮奶油填入裝有星形擠花嘴的擠花袋中，在左右兩邊擠壓一下作為裝飾。

 →  →  →

擠花嘴 ✳

依照最上方提到的要領，將白色鮮奶油和粉色鮮奶油包在保鮮膜裡，填入裝有星形擠花嘴的
擠花袋中，一次擠壓一下，在不重疊的情況下填滿縫隙。最後用星形擠花嘴擠上白色鮮奶油。

 →  →

使用可食用的花瓣，輕鬆完成華麗的蛋糕。

花朵蛋糕

材料（直徑15cm的海綿蛋糕1個份）

基本的海綿蛋糕（參考P54）………1個

【發泡鮮奶油】
鮮奶油 ………………………………200ml
細砂糖 …………………………………20g
草莓果醬（參考P98）……………10g

【糖漿】
水 ……………………………………50ml
細砂糖 …………………………………25g

食用花 ………………………………適量

事前準備

製作發泡鮮奶油。
缽盆中放入鮮奶油和細砂糖，在缽盆底墊上保冷劑，用手持電動攪拌器打成7分發。（參考P9）
將⅓的發泡鮮奶油置於其他缽盆中，然後和果醬混合。

作法

1. 海綿蛋糕要橫向對切。

2. 在小鍋中放入糖漿的材料，開火加熱到細砂糖溶解為止。

3. 用刷子將糖漿塗抹於海綿蛋糕的表面。塗上糖漿可讓蛋糕體保持濕潤。

4. 將海綿蛋糕（下側）放在蛋糕轉盤上，用抹刀均勻抹上加入果醬的鮮奶油。

5. 疊上海綿蛋糕（上側），抹上剩餘的鮮奶油。在上面放上鮮奶油，一邊轉動蛋糕轉盤，一邊用抹刀抹開。補上鮮奶油，將側面也抹開。

6. 一邊轉動蛋糕轉盤，一邊立起抹刀將側面塗抹平整，之後也用抹刀將上面抹平。轉動蛋糕轉盤，去除多餘的鮮奶油。打發過的鮮奶油和抹刀過度接觸，會失去光澤且口感變差，因此迅速完成是最大重點！

7. 一片片地裝飾上食用花瓣。

Edible Flower
食用花

1.16.17_三色堇　2.3.4_紫羅蘭　5.6.7.8.9.10.11.14.15_報春花　12_白晶菊　13.18_香堇菜

食用花冰塊

材料（製冰盒1個份）
食用花⋯⋯⋯⋯⋯⋯⋯⋯⋯ 適量
水⋯⋯⋯⋯⋯⋯⋯⋯⋯⋯⋯ 適量

作法
1 在製冰盒中放入一半的水和食用花，置於冷凍庫1小時凝固。

2 在1上面倒入另外一半的水，置於冷凍庫1小時冷卻凝固。

糖漬菫花

材料（菫花20片左右）

食用花（菫花）⋯⋯⋯20片
蛋白⋯⋯⋯⋯⋯⋯⋯⋯1顆份
細砂糖⋯⋯⋯⋯⋯⋯⋯⋯50g

作法

1. 將菫花排放在烘焙紙上，用刷子塗上蛋白。

2. 從上面均勻地撒上細砂糖，靜置乾燥1天。

Point

⚗ 為什麼花可以食用？

各位知道什麼是可以吃的花，也就是食用花嗎？那是不使用農藥栽種，以食用為前提進行培育的花卉。在日本，食用花的主產地是愛知縣。各位可以數數看將花瓣摘下作為裝飾的花朵蛋糕裡，究竟用了多少片花瓣！只要自己花點心思去安排顏色的配置，就能做出非常美麗的蛋糕！一般觀賞花卉的花瓣很多都帶有毒性，切記不要拿來當作裝飾使用。

食用花巧克力棒

材料（板狀巧克力2片份）

白巧克力⋯⋯⋯⋯⋯⋯⋯⋯⋯200g
糖漬菫花（參考左邊）⋯⋯⋯適量
乾燥玫瑰⋯⋯⋯⋯⋯⋯⋯⋯⋯5g
蔓越莓⋯⋯⋯⋯⋯⋯⋯⋯⋯⋯10g
糖珠⋯⋯⋯⋯⋯⋯⋯⋯⋯⋯⋯適量

作法

1. 以隔水加熱的方式對白巧克力進行調溫（參考P70）。

2. 將1倒進浸過冷水的模型中，放上糖漬菫花、乾燥玫瑰、蔓越莓、糖珠。

3. 放進冰箱冷藏2小時凝固。

即使是常見的水果，只要改變切法，
就會呈現出有趣的造型。

切片水果蛋糕

材料（14×23×高5cm的蛋糕1個份）

基本的海綿蛋糕（參考P54）‥1個份

【發泡鮮奶油】
鮮奶油‥‥‥‥‥‥‥‥‥100ml
細砂糖‥‥‥‥‥‥‥‥‥10g

【糖漿】
水‥‥‥‥‥‥‥‥‥‥‥50ml
細砂糖‥‥‥‥‥‥‥‥‥25g

柳橙‥‥‥‥‥‥‥‥‥‥½顆
奇異果‥‥‥‥‥‥‥‥‥1顆
草莓‥‥‥‥‥‥‥‥‥‥1顆
藍莓‥‥‥‥‥‥‥‥‥‥10g
覆盆子‥‥‥‥‥‥‥‥‥10g
（也可以用葡萄、香蕉等喜歡的水果！）

作法

① 依照基本的海綿蛋糕（P54）的作法製作麵糊，倒進長方形模型裡烘烤。

② 在小鍋中放入糖漿的材料，開火加熱到細砂糖溶解為止。

③ 將鮮奶油打至7分發（參考P9）。

④ 在冷卻的海綿蛋糕表面沾抹糖漿，接著抹上發泡鮮奶油。

⑤ 擺上切片的柳橙、奇異果、草莓、藍莓、覆盆子做裝飾。

Point

🧪 **仔細觀察看看水果的樣子吧**

照片是水果切片後呈現的樣子。水果的外側雖然也漂亮，但是切片時顯露出來的斷面世界也很令人驚奇。各位不妨試著將各種水果切片！奇異果的種子是黑色顆粒，那麼你知道草莓的種子在哪裡嗎？答案就是外側凸凸的顆粒。只要吃1顆草莓，就會吃下100粒以上的種子。縱切和橫切所呈現出來的斷面不太一樣，建議可以多方嘗試。也可以像製作果凍或果昔時一樣，把水果貼在玻璃杯上讓斷面顯現出來。

即便使用相同的派皮，
也可以藉由不同擺法產生各種變化。

1、2、3條的蘋果派

冷凍派皮
（18～20cm見方）⋯⋯⋯ 2片

【餡料】
蘋果 ⋯⋯⋯⋯⋯⋯⋯⋯⋯ 1顆
蜂蜜 ⋯⋯⋯⋯⋯⋯⋯⋯⋯ 10g
肉桂粉 ⋯⋯⋯⋯⋯⋯⋯⋯ 3g
葡萄乾 ⋯⋯⋯⋯⋯⋯⋯⋯ 10g

作法

① 製作餡料。在小鍋中放入切成骰子狀的蘋果、蜂蜜、肉桂粉，
熬煮到蘋果軟化為止。

② 將派皮切成直徑8cm的圓6片，放在冰箱冷藏備用。

③ 剩餘派皮的一半切成帶狀，編織出圖案。另外一半則用喜歡的
餅乾模取型。

④ 從冰箱取出派皮鋪在杯子蛋糕模裡，填入1的餡料和葡萄乾。

⑤ 將3的派皮蓋在4上，以預熱至180℃的烤箱烤約40分鐘。

- -
Memo 處理派皮時動作要快。麵團一旦軟掉，派皮就會膨不起
來。如果派皮變軟，就放進冰箱冷藏幾分鐘。

Point

🔬 **3條繩子就能編出各種圖案**

1條、2條、3條的繩子（線）
可以變化出許多編織方式。像
是以1條細長派皮麵團做成的扭
轉蘋果派，讓2條細長派皮麵團
交叉做成的籃狀蘋果派，以3條
細長派皮麵團做成的三股辮等
等，試著搭配出各種變化吧！

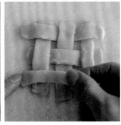

色彩與
造型的實驗

05

像用顏料作畫一般，顏色則是取自天然的水果。
製作多種果醬，裝飾得像色彩繽紛的調色盤。

果醬調色盤

各種顏色的果醬①

草莓

材料（方便製作的分量）

草莓 ····················150g
蜂蜜 ····················50g
檸檬汁 ················1小匙

作法

1 在小鍋中放入所有材料，靜置
　約10分鐘。

2 開小火，煮到產生濃稠度即可
　關火。

各種顏色的果醬②

藍莓

材料（方便製作的分量）

藍莓 ····················150g
蜂蜜 ····················50g
檸檬汁 ················1小匙
百里香 ················少量

作法

1 在小鍋中放入藍莓、蜂蜜、檸
　檬汁，靜置約10分鐘。

2 開小火，煮到產生濃稠度就加
　入百里香。

各種顏色的果醬③

覆盆子

材料（方便製作的分量）

覆盆子 ················150g
蜂蜜 ····················50g
檸檬汁 ················1小匙
玫瑰精油 ············3滴

作法

1 在小鍋中放入覆盆子、蜂蜜、
　檸檬汁，靜置約10分鐘。

2 開小火，煮到產生濃稠度就加
　入玫瑰精油。

Point

果醬的色彩遊戲

水果中含有天然的色素，而水果本身所含名為果膠的成分，和砂糖作用之後會產生濃稠度。將水果做成的果醬像調色盤一般地擺盤，然後塗在麵包上吧！

各種顏色的果醬④

柳橙

材料（方便製作的分量）

柳橙 ·················· 1顆
薑 ·················· 1片
蜂蜜 ·················· 50g

作法

1. 將柳橙皮洗淨，連皮切成薄薄的¼圓片。

2. 在小鍋中放入柳橙、薑，倒入可蓋過柳橙的水量，煮約20分鐘直到皮軟化為止。

3. 加入蜂蜜後開小火，煮到產生濃稠度即可關火。

各種顏色的果醬⑥

牛奶

材料（方便製作的分量）

牛奶 ·················· 100ml
鮮奶油 ·················· 100ml
蜂蜜 ·················· 50g
玉米粉 ·················· 1大匙

作法

1. 在小鍋中放入牛奶和鮮奶油、蜂蜜，開火加熱。

2. 沸騰後轉小火，加入以分量外的水溶解的玉米粉，煮到產生濃稠度即可關火。

各種顏色的果醬⑦

百香果

材料（方便製作的分量）

檸檬汁 ·················· 1顆份
百香果 ·················· 1顆
無鹽奶油 ·················· 50g
蛋黃 ·················· 2顆份
細砂糖 ·················· 100g
低筋麵粉 ·················· 10g

作法

1. 在小鍋中放入檸檬汁、百香果、奶油，開火加熱。

2. 在缽盆中放入蛋黃、細砂糖、低筋麵粉攪拌，然後分次少量地混入1。

3. 將2倒回小鍋中，再次開小火煮到產生濃稠度即可關火。

各種顏色的果醬⑤

奇異果

材料（方便製作的分量）

奇異果 ·················· 150g
水 ·················· 50ml
檸檬汁 ·················· 1小匙
蜂蜜 ·················· 50g

作法

1. 奇異果切成月牙狀。

2. 在小鍋中放入所有材料，靜置約10分鐘。

3. 開小火，煮到產生濃稠度即可關火。

我想出了幾個簡單的設計，讓孩子們在家
也能模仿法式料理等餐廳會出現的美麗擺盤。

帶點趣味的擺盤創意

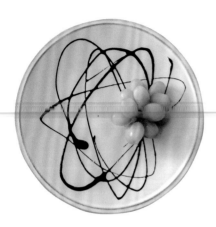

利用離心力

- 一邊轉動手腕，同時一點一點地擠出
  市售巧克力醬。
- 以喜歡的水果做裝飾。

利用重力

- 用市售巧克力醬畫出一條線。
- 傾斜盤子，等巧克力醬隨重力滴落。
- 添上香草冰淇淋和薄荷葉。

利用粉末

- 在盤上擺放刀叉。
- 使用茶篩撒上可可粉。
- 拿開刀叉，添上杯子蛋糕。

利用粉末②

- 擺上烘焙紙，遮住一半的盤子。
- 使用茶篩撒上草莓粉。
- 輕輕拿開烘焙紙，添上馬卡龍蛋糕。

利用湯匙

- 在裝有圓形擠花嘴的擠花袋中填入發
  泡鮮奶油。
- 將鮮奶油擠在盤子上，用湯匙背面延
  展鮮奶油。
- 添上水果蛋糕。

圓點圖案

- 在盤子上將牛奶果醬延展成圓形。
- 再用湯匙放上草莓果醬，做成圓點的
  形狀。
- 添上馬林糖。

愛心花圈圖案

- 在盤子上用果醬（牛奶）畫圓①。
- 用湯匙在①上面放上果醬（草莓），做成
  圓點的形狀。
- 使用牙籤劃過②的圓點，描繪線條。
- 添上花朵蛋糕。

Point

△ 偶然形成的形狀
和色彩也很有趣

利用離心力、重力，或是使用道具，在純
白色盤子上創作醬汁的藝術。如果轉動、
傾斜盤子又會如何呢？使用道具完成的圖
案充滿驚喜，只要再擺上甜點或水果，就
成了一道時髦的甜點盤！

比起果醬，果昔的作法更加簡單。
可以搭配出各式各樣的色彩。

各種果昔

各種果昔①

香蕉巧克力

材料（1人份）

冷凍香蕉 ············· 1根
豆漿 ·················· 200ml
巧克力鮮奶油 ······ 1大匙
玉米片 ··············· 適量

作法

1 香蕉切成一口大小後冷凍。

2 將所有的材料放進果汁機裡
攪拌。

各種果昔②

藍莓

材料（1人份）

冷凍藍莓 ············· 50g
豆漿 ·················· 150ml
優格 ·················· 50g
蜂蜜 ·················· 1小匙

作法

1 將所有的材料放進果汁機裡
攪拌。

各種果昔③

鳳梨

材料（1人份）

冷凍鳳梨 ············· 50g
豆漿 ·················· 200ml
蜂蜜 ·················· 1小匙
草莓果醬 ············· 適量

作法

1 將草莓果醬以外的材料放進
果汁機攪拌。

2 在玻璃杯中放入草莓果醬，
接著在上面倒入1。

各種果昔④

香蕉

材料（1人份）

冷凍香蕉 ············· 1根
豆漿 ·················· 200ml
蜂蜜 ·················· 1小匙
肉桂粉 ················ 適量

作法

1 香蕉切成一口大小後冷凍。

2 將肉桂粉以外的材料放進果
汁機攪拌。最後撒上肉桂粉
即可享用。

各種果昔⑤

草莓

材料（1人份）

冷凍草莓 ············· 50g
牛奶 ·················· 200ml
蜂蜜 ·················· 1小匙
優格 ·················· 50g

作法

1 將所有的材料放進果汁機裡
攪拌。

Point

試著混合顏色和食材！

只要放進果汁機就完成的果
昔。最喜歡的香蕉果汁、草
莓果汁、巧克力果汁……不
妨試著自己動手做做看吧！
還可以順便觀察一下變成什
麼顏色。另外水果放久會變
色，是因為和空氣接觸氧化
的關係。做好後，請盡量趁
新鮮在30分鐘內享用完畢。

覺得書寫文字好困難。
有個方法能夠解決這個問題,寫出漂亮的文字。

反轉藝術字餅乾

材料(較大的餅乾10片份)

低筋麵粉 ······················· 200g
糖粉 ···························· 80g
蛋黃 ··························· 1顆份
無鹽奶油 ······················· 75g
巧克力筆 ······················ 1支

事前準備

低筋麵粉過篩。
奶油和蛋回復至室溫。
將喜歡的藝術字列印出來後,
反過來疊上烘焙紙。

作法

1 依照檸檬餅乾(P22)的作法2～3製作餅乾。

2 用巧克力筆在烘焙紙上描字。描出來會變成反轉的文字。

3 待巧克力凝固,將巧克力貼在餅乾上,然後輕輕撕掉烘焙紙。

4 將3排放在鋪有烘焙紙的烤盤上,以預熱至180℃的烤箱烤
15分鐘。

Point

🧪 轉印描好的文字

將巧克力轉印在餅乾上,然後直接
拿去烘烤的過程十分有趣,各位不
妨挑戰用各種藝術字做做看。只不
過,因為還有翻面這個步驟,所以
要特別留意文字和數字的反轉!使
用模版在烘焙紙的反面描繪文字,
或是將模版反過來用巧克力筆描繪
也可以。

打造宛如童話故事《糖果屋》的房子！

蜂蜜麵包糖果屋

材料（糖果屋2個份）

低筋麵粉 ⋯⋯⋯⋯ 100g	【奶油霜】
高筋麵粉 ⋯⋯⋯⋯ 50g	無鹽奶油 ⋯⋯⋯⋯ 100g
蜂蜜 ⋯⋯⋯⋯⋯ 100g	糖粉 ⋯⋯⋯⋯⋯⋯ 300g
細砂糖 ⋯⋯⋯⋯⋯ 45g	
酥油 ⋯⋯⋯⋯⋯⋯ 20g	【糖霜】
肉桂粉 ⋯⋯⋯⋯⋯ 10g	糖粉 ⋯⋯⋯⋯⋯⋯ 100g
	檸檬汁 ⋯⋯⋯⋯⋯ 少許

作法

1 將低筋麵粉、高筋麵粉、肉桂粉混合過篩。

2 在鍋中放入蜂蜜、細砂糖、酥油煮至融解。

3 將2加入1中攪拌成團。

4 用保鮮膜包住3，置於常溫鬆弛1小時。

5 將4擀成約3mm的厚度後配合模型（參考P110）裁切，以預熱至170℃
的烤箱烤18分鐘。

6 製作奶油霜。在室溫軟化的奶油中混入糖粉。

7 使用6組裝5，然後裝飾上各種甜點。

8 製作糖霜。分次少量地在糖粉中加入檸檬汁，做成用湯匙舀起時會緩緩
滴落的硬度。以糖霜為7加上冰柱。

Point

🧪 如何組裝？

這裡所用的蜂蜜麵包（蜂蜜薑
餅Lebkuchen）據說是世上最
古老的一道糕點，歷史最遠可
追溯到古埃及文明。尤其蜂蜜
因為糖分高不易腐敗，又具有
滋養、長生、美容的效果，所
以一直以來都是魔女愛用的食
材。就連童話故事《糖果屋》
裡也有出現呢！試著使用蜂蜜
薑餅打造糖果屋吧。覺得組裝
成立體造型有點困難？使用本
書最後所附的紙型製作，嘗試
設計出自己獨創的房子吧！

製作糖果屋的配件集

屋頂的排列也是一大重點！

使用彈珠汽水糖

使用圓糖

使用軟糖

使用德國結麵包

使用杏仁片

使用鳳梨乾

使用手邊的糕點，享受裝飾房屋的樂趣。
橫向排列、縱向排列、交錯排列……只要一邊注意排列方式、
一邊多方嘗試，就能發現許多有趣的組合！
試著做出自己獨創的造型吧！

門要用哪個甜點製作呢？

使用夾心酥

使用肉桂棒

使用棉花糖與
糖漬櫻桃

使用巧克力和糖珠

使用糖霜

使用口香糖

讓玻璃窗變成彩繪玻璃的技巧

以模具等挖空窗戶後放上碎糖果，和麵團一起
烤，這樣就會變得像彩繪玻璃一樣。

P106 糖果屋
實 物 大 紙 型

製作糖果屋時最辛苦的步驟就是設計。
自己思考樣式就和畫圖、算數一樣好玩，
但如果覺得麻煩，也可以複製
這個實物大紙型，照著紙型切割麵團。

煙囪

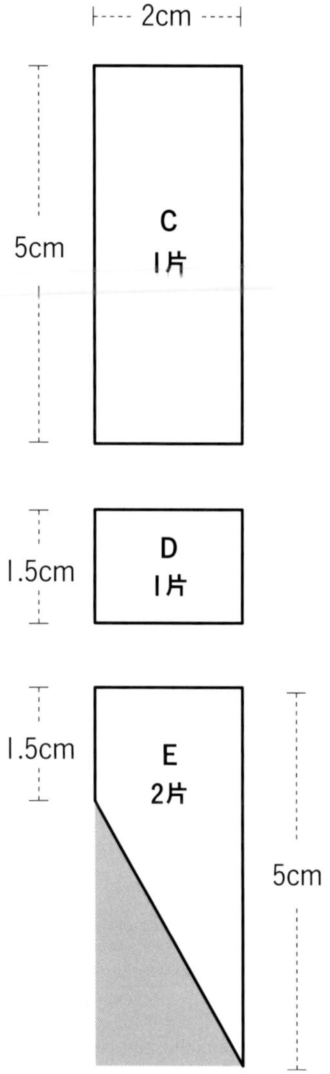

2cm

5cm

C
1片

1.5cm

D
1片

1.5cm

E
2片

5cm

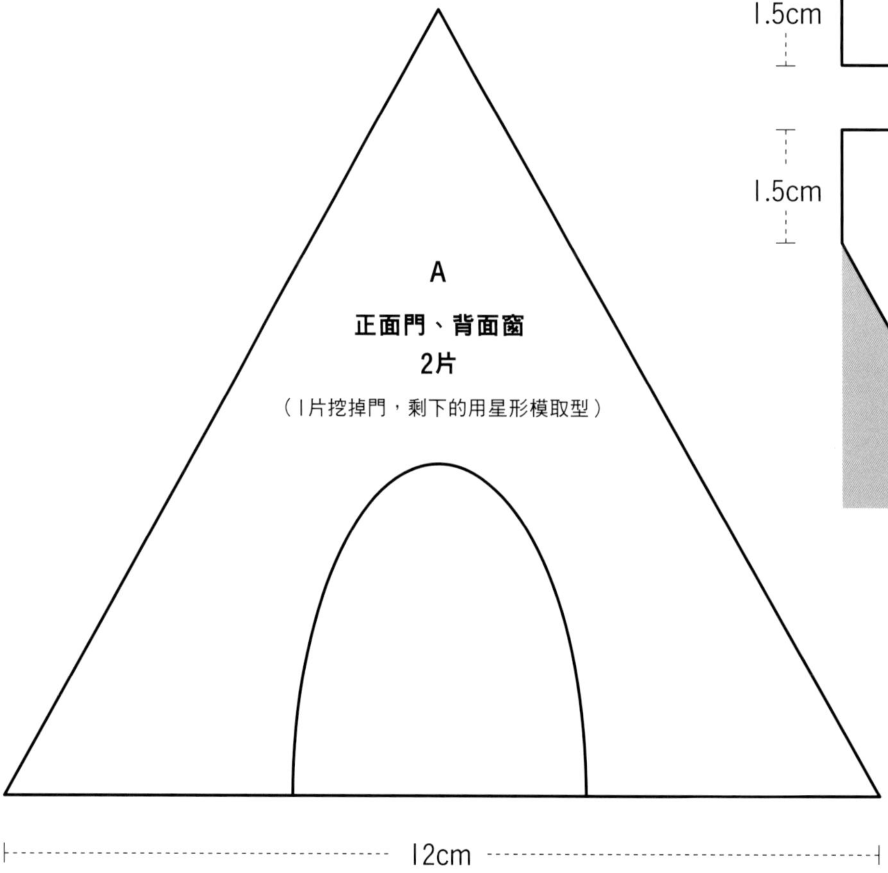

A

正面門、背面窗

2片

（1片挖掉門，剩下的用星形模取型）

12cm

110

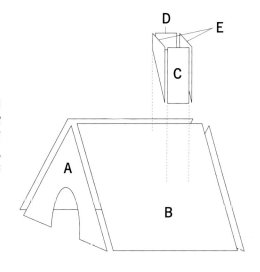

組裝方式的展開圖

只要按照紙型切割麵團，就能如圖
一般組裝起來。黏著面是用奶油霜
來黏，然後用糖霜補強。裝飾方面
可以自由發揮。即使紙型相同，也
不會做出一模一樣的房子。請試著
打造出自己專屬的糖果屋！

B

屋頂
2片

12cm

12cm

太田佐知香

蛋糕設計師、藝術教育士。曾旅居巴黎聖日耳曼德佩區一段時間，在慶應義塾大學、巴黎麗池廚藝學校（École Ritz Escoffier）、京都造型藝術大學研究所等日法機構學習甜點、藝術。以藝術教育士的身分，設立以兒童創造力為主軸的工作室，之後成立為小朋友和媽媽設計的「My little days」，開辦以兒童為對象的工作坊逾十年。

同時也以「sachi & cakes」蛋糕設計師、專欄作家的身分活躍於各個領域。貼近孩子們的興趣及覺得「奇妙、喜歡！」的感受，同時充滿獨特世界觀的工作坊、食譜深得好評，因此經常接獲企業、婚禮場合及眾多媒體邀約。著作《帕芙洛娃，讓人著迷的蛋白霜甜點》（日文版由中央書山版）在國內外廣受好評，繁體中文版於2019年出版。

［攝　影］三好宣弘
［企劃、造型］長井麻記
［編　輯］山下有子
［設　計］山本弥生
［攝影協助］明治屋、株式会社 明治

孩子的第一堂手作甜點課：
知道原理更有趣，不可思議的甜點科學實驗
2020年10月1日初版第一刷發行

作　　　者　太田佐知香
譯　　　者　曹茹蘋
編　　　輯　曾羽辰
美 術 編 輯　寶元玉
發 行 人　南部裕
發 行 所　台灣東販股份有限公司
　　　　　＜網址＞http://www.tohan.com.tw
法 律 顧 問　蕭雄淋律師
香 港 發 行　萬里機構出版有限公司
　　　　　＜地址＞香港北角英皇道499號北角工業大廈20樓
　　　　　＜電話＞（852）2564-7511
　　　　　＜傳真＞（852）2565-5539
　　　　　＜電郵＞info@wanlibk.com
　　　　　＜網址＞http://www.wanlibk.com
　　　　　　　　 http://www.facebook.com/wanlibk
香 港 經 銷　香港聯合書刊物流有限公司
　　　　　＜地址＞香港新界大埔汀麗路36號
　　　　　　　　 中華商務印刷大廈3字樓
　　　　　＜電話＞（852）2150-2100
　　　　　＜傳真＞（852）2407-3062
　　　　　＜電郵＞info@suplogistics.com.hk

TOHAN